北京建筑大学城乡规划专业设计课程系列作品集

主 编 张 杰 何立新 金秋野 李春青 荣玥芳

副主编 王晶苏 毅 顾月明 陈志端 石 炀 张颖异 杨震

陈志端 石炀 荣玥芳 编著

U0172068

城乡有机更新设计

教学探索与实践

华中科技大学出版社
http://www.hustp.com
中国·武汉

序言

北京建筑大学是北京市市属唯一的建筑类高校，是北京市与住房和城乡建设部共建高校，是一所具有鲜明建筑特色、以工科为主的多科性大学，是"北京城市规划、建设、管理的人才培养基地和科技服务基地"及"国家建筑遗产保护研究和人才培养基地"。北京建筑大学1907年建校，发展至今，始终以服务首都城乡建设发展为使命，为北京城市规划建设和管理领域培养了大批优秀人才，构建了从学士、硕士、博士到博士后，从全日制本科教育、研究生教育到成人教育、留学生教育，全方位、多层次的人才培养体系。2020年9月，北京市委书记蔡奇来北京建筑大学调研时指出："北京建筑大学是培养未来规划师、设计师、建筑师的摇篮。"

2001年，北京建筑大学城乡规划专业开始招生。经过多年持续建设，北京建筑大学城乡规划专业在2012年教育部主持的学科排名中位列全国第12位，在2017年全国第四轮学科评估中被评为B-，在2019年本科生教育评估中获评优秀等级，在2021年研究生教育评估中获评优秀等级，并且在2021年获批国家一流专业。

目前北京建筑大学城乡规划专业在城乡规划专业教学指导分委员会相关培养框架的基础上，逐渐形成了自身的教学与人才培养特色，尤其是在城市与区域规划、历史城市保护规划、城市设计、乡村规划、小城镇特色规划等方面。北京建筑大学历年培养的城乡规划专业毕业生就业单位主要是国内优秀的专业设计机构及管理单位，如中国城市规划设计研究院、北京市城市规划设计研究院、北京清华同衡城市规划设计有限公司、中国建筑设计研究院等。

为更好地总结教学经验，现将2019年城乡规划专业教育评估至今三年的设计教学成果集结出版。本系列作品集一共有三个分册，包括：一分册《规划设计基础教学探索与实践》，为近三年来城乡规划专业一年级和二年级"设计初步（一）、（二）""建筑设计（一）、（二）"课程的学生优秀作业；二分册《城乡空间规划设计教学探索与实践》，为近三年来城乡规划专业三年级和四年级"城乡规划设计（一）、（二）、（三）、（四）"课程的学生优秀作业；三分册《城乡有机更新设计教学探索与实践》，为近三年来城乡规划专业五年级"毕业设计"环节各组学生优秀作业。

在当下我国城镇化进入新的历史时期的阶段，城乡规划专业教育教学也应该与时俱进，进行顺应时代发展的调整、优化与提升。"北京建筑大学城乡规划专业设计课程系列作品集"出版后，希望读者批评指正，促进我校城乡规划专业的发展与进步。

目录

上篇 · 毕业设计概述

下篇 · 毕业设计作品

上篇
毕业设计概述

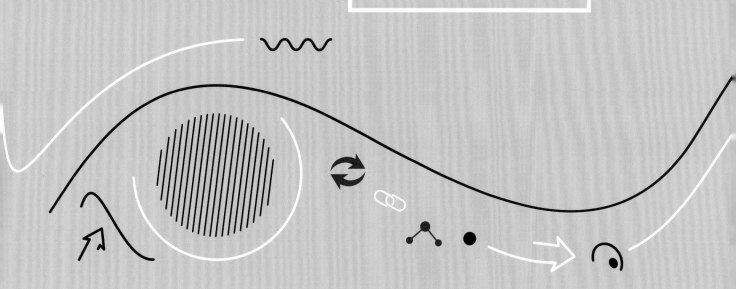

01 课程概述

"毕业设计"是本科阶段最后一个教学环节，是综合运用本科所学的专业理论及设计实践技能的重要课程环节，也是城乡规划专业学生在学习上的综合提升课程，其使学生得以对城乡规划专业知识进行全面系统的运用和实战训练。近几年来，北京建筑大学城乡规划系针对毕业设计这一教学环节，从以下三个方面进行了课程改革。

一、设计选题

在设计选题方面，紧跟当前城市发展趋势和行业发展需求，围绕韧性、健康、双碳、有机更新等主题进行选题，涵盖的城乡规划设计领域也更加丰富。近几年的设计选题包含老城社区更新、商贸中心城市设计、综合交通枢纽规划、工业遗产再利用、特色小镇规划、国家文化公园设计、乡村更新规划设计等多方面的选题。

二、基地选择

在基地选择方面，充分体现学校"服务首都规划建设"的总体办学定位，同时突出"三规进学堂"的课程特色，设计选址以京津冀地区的基地为主，围绕近些年京津冀地区的老城保护更新、北京副中心建设、雄安新区规划建设、传统村落保护、国家文化公园建设等规划热点，题目全部来自一线设计院的真实项目。

三、课程组织

在课程组织方面，近三年所有毕业设计小组全部实现了"跨校联合"及"跨专业联合"的联合毕业设计全覆盖。通过主持及参与"7+1"全国七校城乡规划专业联盟、京津冀高校"X+1"规划教育联盟、北方高校规划教育联盟、北京高校美丽乡村规划设计联盟、渤海湾四校规划教育联盟等联合毕业设计组织，哈尔滨工业大学、西安建筑科技大学、苏州科技大学、大连理工大学、北京工业大学、北京林业大学、山东建筑大学等高校的联合毕业设计交流项目，以及校内的风景园林、设计学、工程管理、社会学等专业的跨专业联合毕业设计项目，在培养学生专业能力的同时，进一步拓展学生的视野及提升他们综合分析问题和统筹解决问题的能力。

02

课程任务书

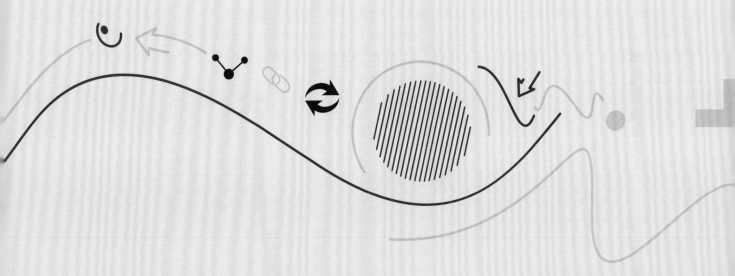

一、毕业设计课程任务书

1. 专业

城乡规划。

2. 指导时间

第五学年第一学期：第18 ~ 20周，毕业设计实习；第五学年第二学期，1 ~ 15周，毕业设计与毕业展览，17周，毕业答辩。

3. 课程名称

毕业实习、毕业设计、毕业答辩（专业实习课群 / 必修）。

4. 专业方向选题

城市设计 + 乡村规划，具体由分组指导教师确定。

5. 课题名称

由分组指导教师确定。

6. 系（部、中心）

城乡规划系。

7. 指导教师

荣玥芳（课程负责人）、张忠国、苏毅、桑秋、刘剑锋、石炀、陈志端、王婷。

8. 教学内容

单元一，检索与方案构想，包括资料检索、概念设计；

单元二，调研（毕业实习），包括现场调研、撰写调研报告；

单元三，技术设计研究，包括技术设计、专题研究；

单元四，设计文件编辑，包括图示表达、设计说明及规划文本；

单元五，成果展示（毕业展览，课时不计入）；

单元六，成果汇报（毕业答辩）。

9. 计划学时

160 学时（毕业设计含毕业设计展、毕业答辩）+40 学时（毕业实习含开题）。

10. 学分

总共 8 个学分。

二、设计任务与指导书

1. 教学目标

巩固和检验城乡规划专业《2016版专业（本科）培养计划》中"毕业设计"课程之前各课群规定学分课程学习成果；有能力运用本学科领域的基本理论、基本知识和基本技能，进行综合（专业选题方向）的设计规划实践；掌握进行综合规划设计实践的基本程序和方法；达到城乡规划专业（本科）教育评估标准中教育质量的智育标准。

2. 练习内容

（1）资料检索

根据各组选题，对国内外相关设计研究成果的文献、设计实例、规范、标准等进行系统检索，每人不少于20篇。翻译相关英文文献，编写《文献翻译》，并依据资料检索结果编写《文献综述》。

（2）调研

①通过现场踏勘等手段，进行现场专项调研，掌握城市发展与建设现状资料。

②对调研结果加以整理，编写《调研报告》。

（3）设计研究与表达

根据设计主题和内容，确定设计成果，要求以图文并茂的方式呈现。主要表达内容包括区位分析、上位规划分析、基地现状与问题分析、功能定位、土地利用规划、空间结构分析、交通结构分析、景观结构分析、总平面设计、经济技术指标分析、重要节点设计等。

3. 教学方式

在指导教师的组织和指导下，进行毕业设计各阶段教学。

4. 成果要求

原则依据《北京建筑大学毕业设计（论文）成果基本规范》和城乡规划专业相应的"毕业设计"课程教学大纲的要求。

（1）文本文件

①《文献翻译》1篇，不少于2000字（中文），附原文复印件或下载打印件。

②《文献综述》1篇，不少于4000字。

③《调研报告》1篇，不少于6000字，含图表，文后附调研原始资料。

《调研报告》的统一标题层次为：序言、1调研目的与方法、2调研结果、3讨论、4调研结论、参考文献。

配合《调研报告》的编制工作，学生在"毕业实习"期间须认真、独立填写学校统一印制的《实习日志》，并与《调研报告》一同提交（不装入A3文件册）。"毕业实习"时间累计不少于3周（或累计不少于21天）。学生以班级为单位到学校教材科统一申领《实习日志》。

④《设计说明》（城乡规划专业为《规划设计说明》）1篇，不少于10000字（城乡规划专业《规划设计本文》，不少于15000字），含插图、指标或参数分析、图表等。文前附不少于150词的英文摘要，并有对应的中文摘要。

⑤各文本文件后附所引用的参考文献目录，其著录格式符合科技文献写作规范。

以上文本文件要求用 Word 文档格式编辑，以 A3 纸排版打印，每页排版的上、下边距为 2.8 cm，左、右边距为 2.3 cm，栏间距为 2.0 cm（相当于小四号字的 4.73 字符），装订线间距 0.5 cm，每页 36 行，采取横向左侧装订方式。文本正文的主标题为粗黑体小二号字，其他各级标题为粗黑体小四号字，正文字体为宋体小四号字，表格为宋体五号字，表格标题为黑体五号字。

（2）设计图纸文件

①每人的全部毕业设计图纸文件单独编印成 A3 规格（大图可采取 A3 加长或加宽规格打印后再折装为 A3 规格），并装入成果本册。设计图纸文件中须有一定量的手绘图示和借助计算机完成的数字化设计图示。

② A1 设计图纸为每人参加"毕业展览"和"毕业答辩"用的图纸，是对全部毕业设计成果文件进行代表性的展示，内容应含方案设计主要表达图示、模型照片（按选题要求）、分析图表、说明等，其余过程图纸可缩印装入上述的 A3 本册中。

A1（594 mm×841 mm）设计图纸总张数不少于 4 张（含 4 张，采用计算机排版打印。为便于批阅和存档，图纸不附膜，不装裱展板，不加装封边条），横竖构图不限。各图纸标题：课题标题（与任务书相同）字体为 20 mm×20 mm 粗黑体字。如有副标题，其字体为 10 mm×10 mm 粗黑体字。每张图纸须加注序号或序标。

（3）电子文件

学生每人须提交包含毕业设计各个过程、各文本文件、最终图示展板（A1）、成果本册（A3）等的电子文件（光盘），提交的电子文件使用毕业设计存档文件统一电子模板。

5. 进度安排

周次	星期	学时	计划教学内容	课外作业	授课与学习方式	备注
			2021/2022 学年第一学期（开题阶段）			
18	周二、周五	20	**毕业设计开题分组** ① 毕业设计动员、填报志愿、分组； ② 导师进行毕业设计开题工作介绍； ③ 成员讨论选题、分工及进度安排	查资料	交流互动	
19	周二、周五	20	**单元一 调研与文献检索（《毕业实习》）** ① 布置或推荐文本进行翻译； ② 布置或推荐资料，确定研究方向	检索 翻译 综述	交流互动	
20	周二、周五	20	**分组现场调研**	网络调研	交流互动	
			2021/2022 学年第二学期（过程阶段）（参考）			
1	周一	4	**单元二 基地调研（网络调研）**	项目 背景 研究	《调研报告》 《实习日志》	
1	周四	4				

周次	星期	学时	计划教学内容	课外作业	授课与学习方式	备注
2	周一	4	项目基地研究阶段	项目场地研究	交流互动	
2	周四	4				
3	周一	4	项目以及案例研究阶段	设计研究	交流互动	
3	周四	4				
4	周一	4	项目特点、问题以及案例研究阶段	设计研究	《文献翻译》《文献综述》	
4	周四	4				
5	周一	4	单元三 规划方案设计阶段	方案比选	交流互动	
5	周四	4				
6	周一	4	专题规划研究阶段	专题研究	交流互动	
6	周四	4				
7	周一	4	项目初步成果阶段	方案确定	交流互动	
7	周四	4				
8	周一	4	方案成果优化提升阶段	中期成果	《调研报告》《实习日志》	
8	周四	4				
9	周一	4	中期检查	网络汇报	交流互动	
9	周四	4				

周次	星期	学时	计划教学内容	课外作业	授课与学习方式	备注
10	周一	4	方案优化完善阶段	设计表达	交流互动	
10	周四	4				
11	周一	4	设计表达深化阶段	设计表达	《文献翻译》《文献综述》	
11	周四	4				
12	周一	4	项目成果完善阶段	设计表达	交流互动	
12	周四	4				
13	周一	4	项目文本完善阶段	展板成果制作	交流互动	
13	周四	4				
14	周一	4	单元四 成果汇编阶段	展板成果制作	交流互动	
14	周四	4				
15	周一	4	成果校核阶段	展板成果制作	交流互动	
15	周四	4				
单元五 成果展示（成果展示阶段）						
16	周一	4	创新成果展示	布展	毕业展览	
16	周四	4				

6. 成绩比例分配

依据"毕业设计"课程教学大纲的要求，本课程为考查课程，并执行学院"毕业设计总评成绩比例分配表"的规定，如下表所示。

总评成绩	一级评定项目			二级评定项目			三级评定项目		
百分数	科目名称	权重系数	百分数	成果项目	权重系数	百分数	成果子项目	权重系数	百分数
1	毕业设计	0.5		文本文件A3合订	0.2		文献翻译	0.1	
							文献综述	0.3	
							设计说明	0.6	
				图纸文件A1×4、A3合订	0.5		一草	0.15	
							中期检查★A2×2（二草）	0.35	
							A1×4正图★	0.5	
				模型★（选做）	0.3				
	毕业实习	0.1		实习日志	0.4				
				调研报告	0.6				
	毕业展览	0.05		作品展示	1.0				
	毕业答辩	0.15		答辩★	1.0				
	过程表现	0.2							

注：1. 标有★的项目由评定小组投票评定成绩，其他项目由指导教师直接评定成绩。

2. "模型"项为选做项。建筑学专业、工业设计专业如无该项，其成绩权重系数并入"图纸"项；城乡规划专业如无该项，

其成绩权重系数并入"文本"项。

3. 本表作为学生毕业设计过程成绩记录资料，在答辩后装入该生的毕业设计档案袋中存档。

下篇
毕业设计作品

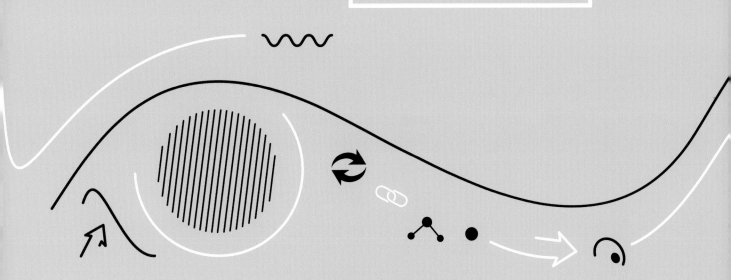

03

柳根新生

柳埠创意文化小镇城市设计

学　　生：程明远　马冬宁　詹孟霖
年　　级：2014 级
指导教师：张忠国　苏毅

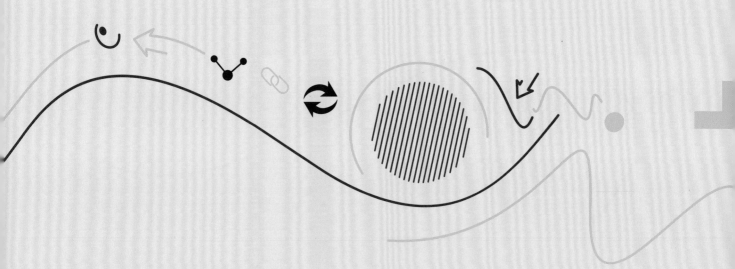

区位分析

地理区位

山东省济南市：山东半岛城市群和济南都市圈核心城市。

济南市南部山区：省城后花园。

南部山区柳埠镇

柳埠镇：面积172.6平方千米,常住人口约6万人,城市沿锦阳川河谷发展。

人群活动需求分析

人群分类	公共生活需求
老年人	赶集 下棋 散步 跳舞 聊天
中年人	赶集 农作 散步 售卖 社交
青年人	办公 读书 游玩 休闲 交流
儿童	玩耍 读书 学习 游戏 互动
游客	体验 购物 游玩 休闲 采摘
居民	生产 传承 展示 休闲 娱乐

上位规划

《济南城市总体规划(2011—2020年)》

济南市生态格局　市域历史文化遗产保护规划图

北接泉城,南抵泰山

南部山区水源涵养区 全国重点文保单位

《济南市南部山区"多规合一"规划草案》(2017—2035年)

空间结构规划图　生态保护格局图

南部山区:人口聚集,经济发展,提供服务,核心之一。

打造锦阳川景观带 严格控制生态

SWOT分析

优势	区位:	与市区空间关系紧密。
	生态:	山水资源丰富,具有良好的生态本底。
	文化:	具有历史物质文化遗存和民俗特色。
劣势	山水:	山、水、城关系较弱。
	文化:	知名度低下,未充分开发。
	风貌:	城镇风貌缺乏当地特色。
机遇	政策:	相关政策提倡发展生态旅游业。
	规划:	上位规划指出完善南部山区旅游服务。
	设施:	交通上,多条公路进一步完善落实。
威胁	人口:	镇区内老人和小孩较多,年轻人较少。
	活力:	街区吸引力不足,活力低下。
	产业:	镇区内缺少特色产业。

用地现状分析

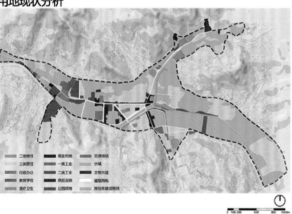

公共空间分析

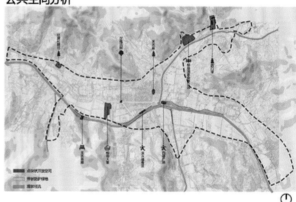

道路分析

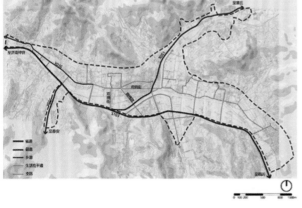

产业分析

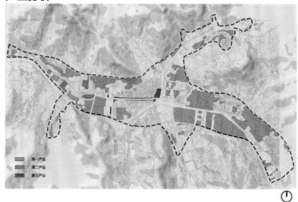

设计主题

根网城镇 —— 通过根网解决现状问题

济南市的生态水源地和后花园是南部山区。南部山区是济南市的生态山水根源地。

在南部山区空间结构规划中，柳埠镇位于生态核心保育区，是三心的中心。柳埠镇是南部山区的空间结构根心。

所选设计地块位于柳埠镇的空间几何中心，也是柳埠镇的水系交汇区和生活中心区，是镇区内最具活力的地块。地块是柳埠镇的发展根心。

根的形式

 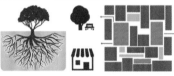 

1. 主根——道路、水系

道路和水系如同主根，对整个镇区起到骨架结构的作用，同时承担着城镇的运输和交流功能。

2. 须根——商业、公共空间

在主根骨架体系下，商业和公共空间呈线状、块状或点状分布，我们将其设计为有机联系的整体，成为覆盖镇区的更细密且渗透进生活的须根网络。

3. 边界——山与城、居住界线

根系植根于土壤环境，根与土的交界面并非硬性隔离，而是始终进行着营养交互活动。正如我们试图融合山水与城镇的关系，打破居住的硬性边界，增进彼此的交流互动。

现状问题

调研照片

 文化

① 文化资源没有被全面开发；
② 已开发景区与周边地块缺少联系；
③ 镇区景点缺乏整体规划。

 山水

① 山、水、城空间格局关系较弱；
② 山体轮廓线与建成区天际线缺少联系；
③ 开放空间与视线通廊未形成关系。

 人群

① 旅游人口流量季节性变化较大；
② 本地人口中，老年人偏多，青壮年人较少；
③ 居民生活方式单一，不够多元。

玉水画廊

西德广场

根的内容

 文化

以根雕传统为启发点，吸引和凝聚周边文化资源，发展文化创意产业，活化文化氛围，把柳埠镇打造成济南市南部山区的艺术文化中心。

 山水

根自由蔓延，将根网作为山水结构，来优化城镇生活空间。将根网水系引入镇区，创造更好的山城视廊，打造"山城一体、水城互融"的山水格局。

人群

吸引年轻人入驻柳埠镇，引入新的活力，让南部山区"智慧"起来。通过织补道路、步道、生活设施根网，使游客与居民、镇不同区域居民之间加强交流融合。

  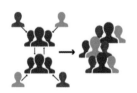

和尚帽山

锦阳川

林地

构想一：从点到线

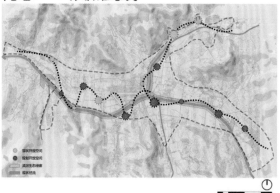

交流场所

现有场所分散，不成体系，大部分利用效率低下。通过新增开放空间和沿河打造生态绿廊，使整个城镇的开放空间串联成线，形成体系。这也符合传统沿河城镇的线性特征。

构想三：从隔离到交流

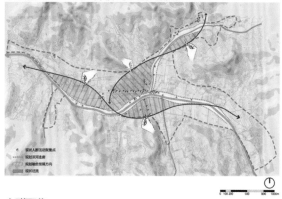

人群聚集

城镇居民往往自发形成活动聚集点，河流两岸呈现出缺乏交流、各聚集点之间相互隔离的状态。我们试图通过根系织补绿带，完善开放空间体系，从而促进各人群间的交流。

构想四：从重新创造到继续编辑

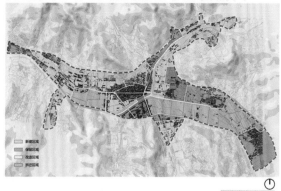

建筑更新

没有一味地采取新建和拆除手段，而是通过研判各区域建筑质量、建筑风貌等，合理提出更新方式，保留老城传统区域，进行改造和适当拆迁。

构想二：从机械设想到动态交织

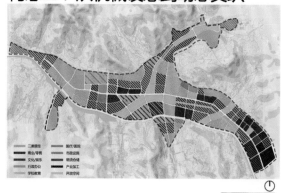

混合用地

机械的规划不适合城镇发展的动态模糊性。用动态、发展的眼光看待规划设计，试图打破规划单一、严格的用地界线，仅提出引导建议，使城镇用地在动态生长中寻找到最合适的定位。

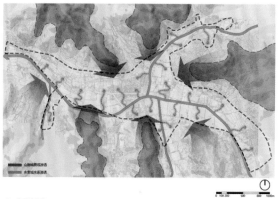

山水融城

城镇边界形态现状基本咬合山势地形起伏，但需要进一步引入山体的生态绿意，将锦阳川水体引入城镇的各个组团，行成景观廊道，达到"山城一体""水城互融"的山水格局。

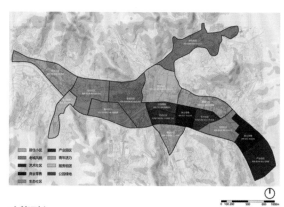

功能引入

在柳埠镇功能现状基础上，引导新增一些功能区，如青年活力区、艺术社区等。没有一味发展新功能，而是希望新旧功能相互激活，迸发活力。

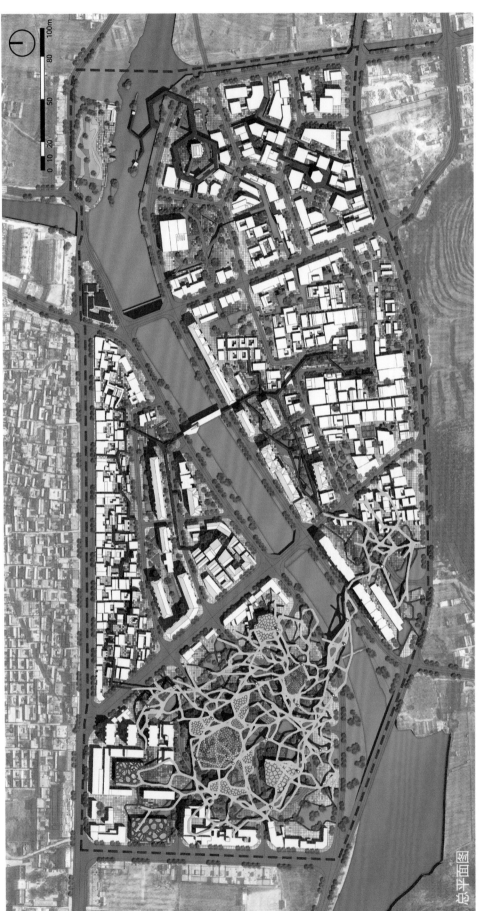

方案思路

01

思考柳埠镇滨水中心区规划方案,我们应该如何构建属于锦阳川径流的新型滨水生态小镇?

02

从周边环境入手,分析用地现状,发现影响柳埠镇滨水中心区城镇发展的关键在于山水生态格局和老城传统。

03

提取锦阳川径流作为东西向的自然轴线,同时再建立联系锦阳川南北两岸的三条主题轴线,形成鱼骨状的基本结构。

04

顺应周边山水走势,增加锦阳川两岸的公共空间联系,强调城镇与自然之间的和谐关系,建立基本生态环境格局。

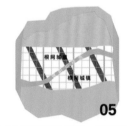

05

以生态环境格局为基础,组织基地内的绿地系统、水系网络和步行系统,形成开放空间的根系网络基本格局。

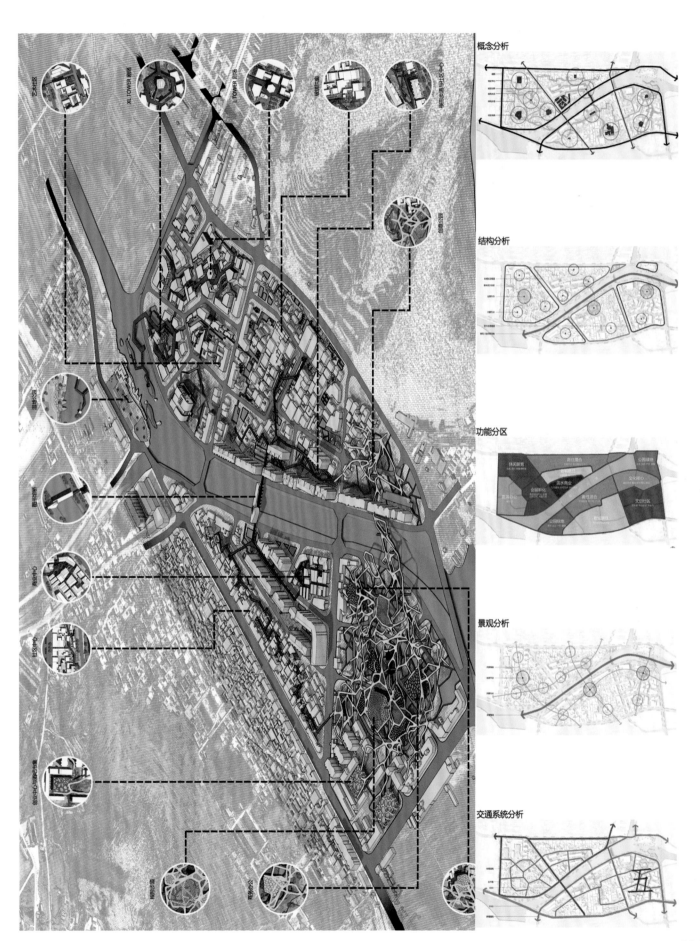

概念分析

结构分析

功能分区

景观分析

交通系统分析

设计构想

城镇根须

1.街道

梳理现状路网并进行合理丰富设计，在道路沿线集中布置功能区，使街道形成具有内容的根须体系，创建由交通网络连接的紧凑城镇。

2.慢行步道

多层次步行系统是贯穿整个地块的重要空间线索，它将各个功能场所串联在一起。步行系统分为地面和架空两部分，在非工作时间仍可连续通行。

城镇龟裂

1.绿地、公共空间

通过在均质单调的城镇空间内，对风景和历史文化进行优化，依据建筑肌理嵌入线性绿地及公共空间，从而营造出独特的龟裂状线性兴趣空间。

2.水体

在现有的城镇空间内，扩大锦阳川水系的生态魅力，从以前水城分离的纯水泥岸线中"寻找裂缝"，将水系引入城镇，形成龟裂状水网体系。

三区根网

1.组团根系

为提升和振兴柳埠镇镇区活力，结合其现状的老城传统、年轻人流失等特征，利用根雕艺术文化和周边的艺术学校、画室等资源，将基地分为青年活力、老城生活和艺术创意三大组团，组团内部各自形成特色根网系统，以达到对外吸引、对内凝聚的作用。
① 青年活力组团：基于参数化的仿生根系。
② 老城生活组团：织补老城生活空间的根系。
③ 艺术创意组团：平面艺术构图和生态的根系。

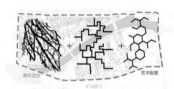

2.产业、功能置入

3.活动策划

规划场地内的游览路线，串联分布于场地内丰富多彩的功能节点。定时、定点策划活动，营造场地整体的趣味艺术氛围。置入特色产品引爆场地，在一年内的不同时段以不同的活动形式持续吸引人气，从而带动柳埠镇产业振兴及可持续发展。

游览路线&活动圈

架空步道

架空步道

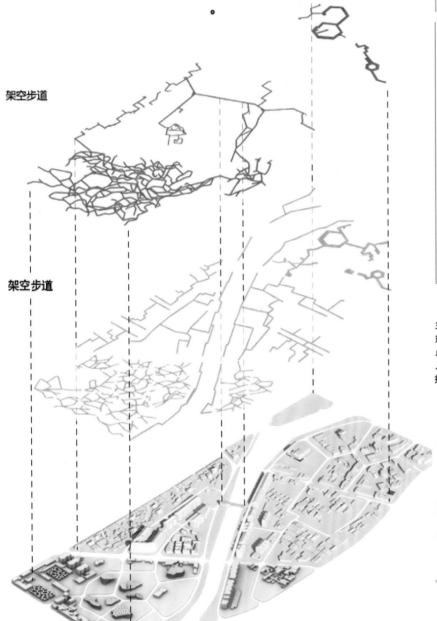

青年活力组团

立体公共空间联动

现状城镇公共空间连接单调　　创建多层次连接空间　　创建多层次、多节点连接

路径生成

设定初始生长点

设置吸引点

设置吸引点吸引力

使用根毛算法

生长模拟过程

平面二维格点

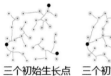
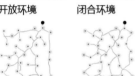

三个初始生长点　三个初始生长点
开放环境　　　　闭合环境

一个初始生长点　一个初始生长点
开放环境　　　　开放环境

曲面二维格点

一个初始生长点　三个初始生长点
未开洞　　　　　未开洞

一个初始生长点　三个初始生长点
有开洞　　　　　有开洞

三维格点

生长次数8　　　生长次数15

生长次数30　　　生长次数50

老城生活组团

改造策略

云共享：居民、游客、工作者共享信息网络。

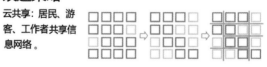

聚活力：用公共空间和公共产品吸引人来参观。

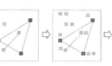

微改造：对现有建筑进行微改造，节约成本。

城乡有机更新设计**教学探索与实践**

设计导则

交通组织

①街道空间设计：不同类型的街道尺度创造不同的空间感觉。

②道路转弯半径：较小的转弯半径可对街角和街道形成良好的空间定义。

③步行系统：步行道净宽度不宜小于4 m，鼓励设置绿化和城市家具，设置行道树和雨棚，为行人提供舒适的步行环境。

公共空间

①避免出现比例失调、缺乏定义的空间，以及空间利用率低下。

②拥有良好可达性，不同性质的公共空间应通过建筑和绿化围合形成相应的场所感。

③公共空间应与绿化空间和步行系统相结合。

生态景观

①绿地与步行系统相结合。

②邻里绿地要有良好的可达性，并与其他的绿地组成绿地系统。

③绿地结合服务设施布置，以提高绿地的使用频率。

④人行道绿化由乔木、花卉、地被植物及小灌木、低绿篱构成。植物配置力求统一有序，忌杂乱无章、变化过多。绿化分隔的绿篱、小乔木高度不超过1 m。

⑤绿地中布置自动喷水设施。

⑥行道树树穴应用铸铁或混凝土预制花格栅铺装，不宜使泥土外露；为保护树木需要搭设支架时，支架应坚固、造型简洁，颜色以黑色或褐色为宜。

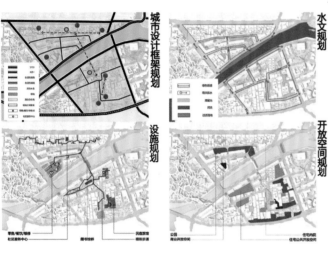
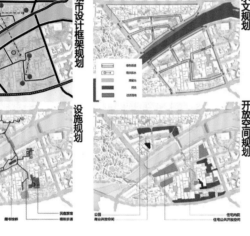

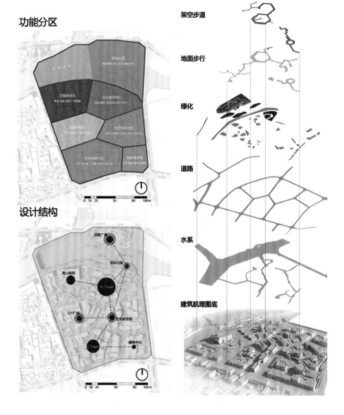

建筑形态

建筑尺度、体量：依照城市设计有关控制要求执行。建筑设计注重把握建筑物近人尺度部分的设计，通过对景观要素、饰面材料及质地、建筑的纹理与韵律表现、建筑细部等进行处理，保证步行层面有亲切的空间感受。

艺术创意组团

根据艺术文化创意所需的开放、交流空间，结合柳埠镇根雕文化传统，打造以根雕文化为核心、多种文创产业聚集的艺术创意组团。步行廊道系统与生态水网系统两个根网系统交织成整个艺术创意组团的根系骨架结构，具有较强流动性。

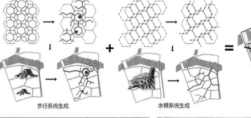

04 共生街区

基于多元主体空间权益再分配的城市设计构想

学　　生：赵安晨　郑彤　罗茜
年　　级：2015 级
指导教师：苏毅　张忠国

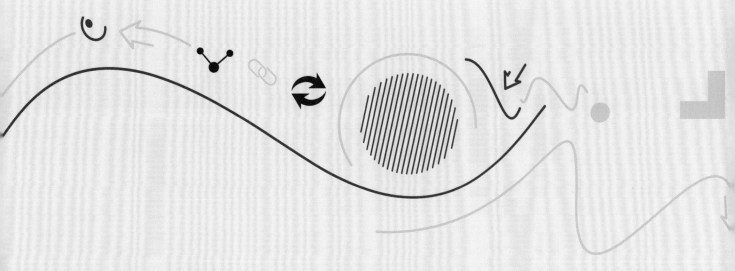

现状分析

■ 设计框架

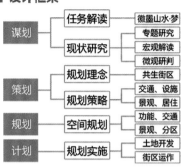

- 谋划
  - 任务解读 — 徽墨山水·梦
  - 现状研究 — 专题研究
    - 宏观解读
    - 微观研判
- 策划
  - 规划理念 — 共生街区
  - 规划策略 — 交通、设施
    - 景观、居住
- 规划
  - 空间规划 — 功能、交通
    - 景观、分区
- 计划
  - 规划实施 — 土地开发
    - 街区运作

■ 区位分析

项目所在地安徽省黄山市屯溪区，地处皖浙赣三省交界处，新安文化的中心地带。项目位于三江口阳湖单元，用地面积80.64公顷。

■ 上位规划

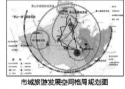
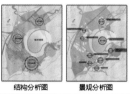

市域旅游发展空间格局规划图   结构分析图   景观分析图

黄山市城市性质： 现代国际旅游城市、自然与文化遗产资源集聚地、皖浙赣交界区域中心城市。

中心城区定位： 安徽省双城之一，位于新安江旅游发展轴，黄山市一级旅游中心。

屯溪区定位： 中心城区综合服务组团，市域旅游重点片区。

■ 历史沿革

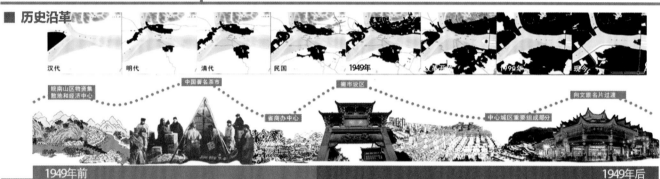

汉代　明代　清代　民国　1949年　　　1990年　现今

皖南山区物资集散地和经济中心　中国著名茶市　省商办中心　徽市设区　中心城区重要组成部分　向文旅名片过渡

1949年前　　　　　　　　　　1949年后

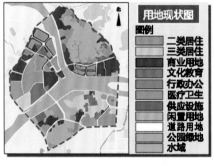

用地现状图

图例
- 二类居住
- 三类居住
- 商业用地
- 文化教育
- 行政办公
- 医疗卫生
- 供应设施
- 闲置用地
- 道路用地
- 公园绿地
- 水域

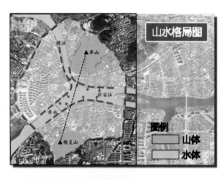

山水格局图

图例
- 山体
- 水体

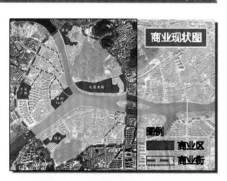

商业现状图

图例
- 商业用地
- 商业街

交通现状图

图例
- 国道
- 主干道
- 次干道
- 支路
- 公交总站
- 用地红线

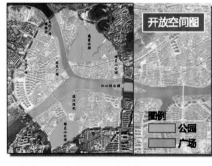

开放空间图

图例
- 公园
- 广场

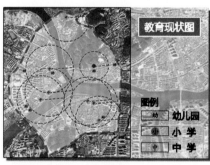

教育现状图

图例
- 幼 幼儿园
- 小 小学
- 中 中学

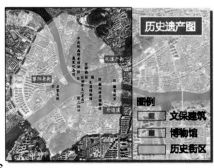

历史遗产图

图例
- 文保建筑
- 博物馆
- 历史街区

风貌现状图

图例
- 传统
- 徽而新
- 新而徽
- 现代

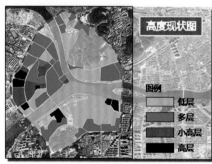

高度现状图

图例
- 低层
- 多层
- 小高层
- 高层

研究范围设计

① 模式植入

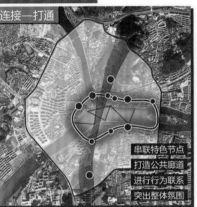

连接一打通
- 串联特色节点
- 打造公共廊道
- 进行行为联系
- 突出整体氛围

以特色历史街区的核心节点为源，延伸出公共空间网络和廊道，突出三江口特色。

连接一打通
- 构建网状联系
- 内部功能互补
- 共享设施纽带
- 塑造共性特色

突出门户潜力区段的共性，使其功能完善且互补，以塑造老城核心整体特色氛围。

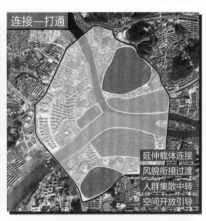

连接一打通
- 延伸载体连接
- 风貌衔接过渡
- 人群集散中转
- 空间开放引导

机会潜力区段衔接其他各区功能、风貌，并通过空间引导提示使其符合规划定位。

② 建设引导

风貌控制
- 创新徽派风貌区
- 一级控制区
- 二级控制区

研究区域整体风貌特征为"清新雅致"，各区间求同存异、分区管控、逐层过渡。

高度控制
- 一级控制区
- 二级控制区
- 三级控制区

根据建设情况及未来城市发展需要，结合各分区在总规中的空间形象特质划分。

视线控制

将主要视线通廊进行叠加，结合天际线设计，对其覆盖地区的高度分区进行细化。

③ 规划分析

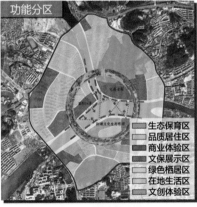

功能分区
- 生态保育区
- 品质居住区
- 商业体验区
- 文保展示区
- 绿色栖居区
- 在地生活区
- 文创体验区

以三江口为核心，三岸营造商业、文化、旅游等主要业态，外围以生活服务为主。

道路系统
- 过境交通
- 主干道
- 次干道
- 城市支路

在现状道路基础上，打通断头路，将部分公建附属道路升级为城市道路以保证通达。

开放空间
- 原有开放空间
- 新增开放空间

在保证原有资源本底不被破坏的情况下，进行生态修复工作，增补多处开放空间。

■ **宏观推导—屯溪区—研究范围**

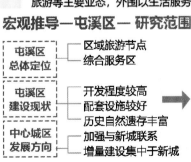

■ **微观推导—研究范围—设计范围**

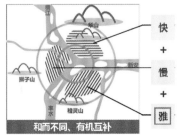

快 + 慢 + 雅

和而不同、有机互补

城乡有机更新设计 教学探索与实践

028

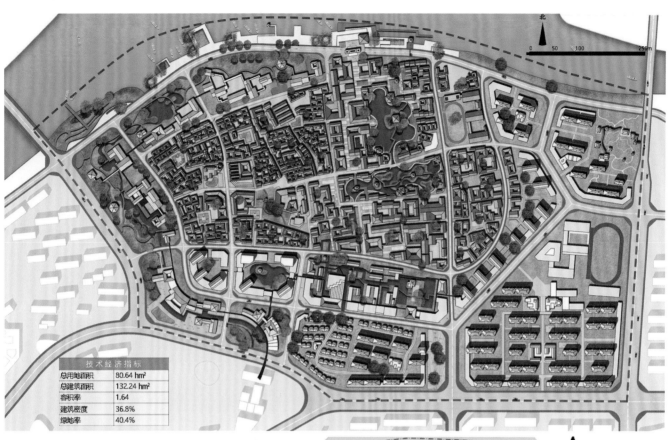

技术经济指标	
总用地面积	80.64 hm²
总建筑面积	132.24 hm²
容积率	1.64
建筑密度	36.8%
绿地率	40.4%

方案生成逻辑

■ 概念生成

问题聚焦	方法引入	核心策略	
动因契机切入	情感纽带重建	凝练与提取	

街区复兴下多元主体空间权益统筹	共识性诉求提取	**C**OMMUNICATION 交流	共
交通空间供给侧差值	人群共生	**C**OMMENSALISM 共栖	生
景观空间供给侧差值	自然共生		街
设施空间供给侧差值	历史共生	**C**O-PROSPERITY 共荣	区
居住空间供给侧差值			

■ 空间整合

■ 理念落位

空间结构：一核两带

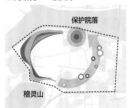

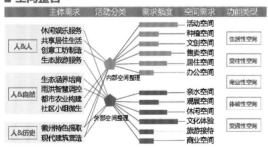

共栖轴带
四条城市功能带相互联动，沿现状状绿地生长，并蔓延深入城市肌理，强调人与自然的和谐共生。

交流轴带
在现状肌理的基础上，节点式激活，并植入共享空间，强调异质人群的合体共生。

内核片区
在对老城原有建筑进行叠加评价的基础上，采取有机更新理念，结合功能进行差异化改造，延续老城生活。

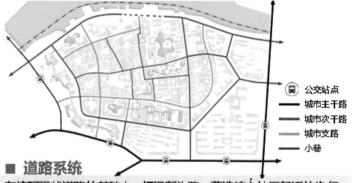

- 🚌 公交站点
- ━ 城市主干路
- ━ 城市次干路
- ━ 城市支路
- ━ 小巷

■ 道路系统

在梳理现状道路的基础上，打通断头路，营造核心片区舒适的步行环境和徽州老城特色游览体验。在片区内各主要入口附近布置地上及地下停车场，滨水门户区域采用道路下穿的手法并建造地面广场，增进人们与江水的互动，接待乘船游客。

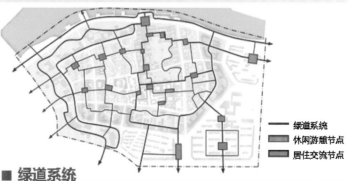

- ━ 绿道系统
- ▢ 休闲游憩节点
- ▢ 居住交流节点

■ 绿道系统

构建"绿道"系统，核心区节点提供休憩场所，居住交流节点注重引导组团内的居民内聚。通过完善的步行体系来满足不同分区间的联系，以及异质人群的交流需求。天街系统连接共栖轴带与交流轴带，增强了参与者的可视景观范围。

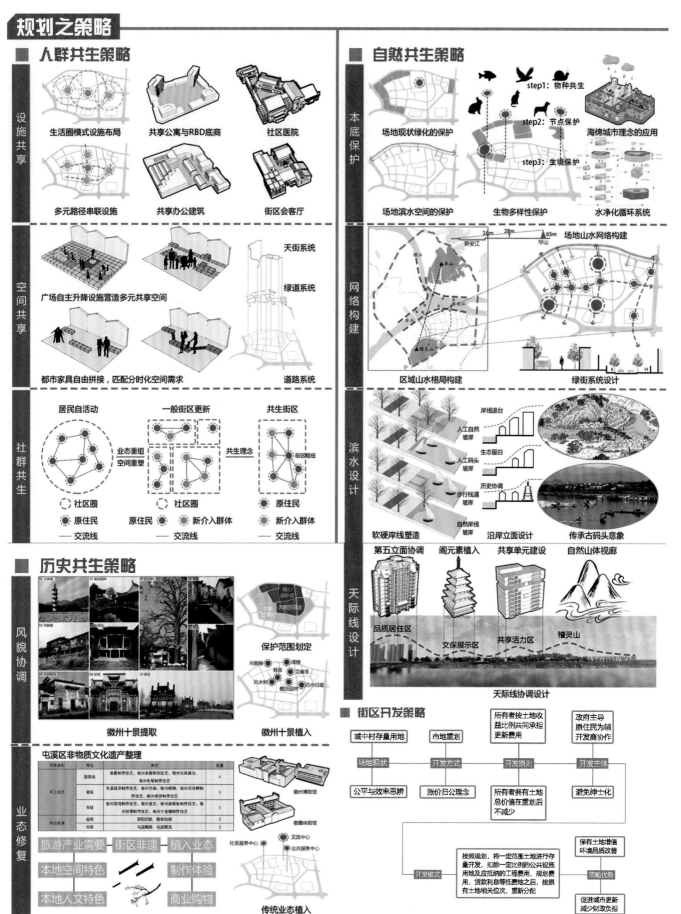

规划之策略

■ 人群共生策略

设施共享
- 生活圈模式设施布局
- 共享公寓与RBD底商
- 社区医院
- 多元路径串联设施
- 共享办公建筑
- 街区会客厅

空间共享
- 广场自主升降设施营造多元共享空间
- 都市家具自由拼接，匹配分时化空间需求
- 天街系统
- 绿道系统
- 道路系统

社群共生
- 居民自活动
- 一般街区更新
- 共生街区
- 业态重组 空间重塑
- 共生理念
- 街区组团
- 社区圈
- 原住民
- 新介入群体
- 交流线

■ 历史共生策略

风貌协调
- 徽州十景提取
- 保护范围划定
- 徽州十景植入

业态修复
- 屯溪区非物质文化遗产整理
- 旅游产业需要 → 街区非遗 → 植入业态
- 本地空间特色 → 制作体验
- 本地人文特色 → 商业购物
- 传统业态植入

■ 自然共生策略

本底保护
- step1：物种共生
- step2：节点保护
- step3：生境保护
- 场地现状绿化的保护
- 海绵城市理念的应用
- 场地滨水空间的保护
- 生物多样性保护
- 水净化循环系统

网络构建
- 场地山水网络构建
- 区域山水格局构建
- 绿街系统设计

滨水设计
- 岸线退台
- 人工自然坡岸
- 生态留白
- 人工码头坡岸
- 历史协调
- 步行栈道坡岸
- 自然岸线坡岸
- 软硬岸线塑造
- 沿岸立面设计
- 传承古码头意象

天际线设计
- 第五立面协调
- 阁元素植入
- 共享单元建设
- 自然山体视廊
- 品质居住区
- 文保展示区
- 共享活力区
- 稽灵山
- 天际线协调设计

■ 街区开发策略

场地现状	开发方式	开发原则	开发主体
城中村存量用地	市地重划	所有者按土地收益比例共同承担更新费用	政府主导原住民为辅开发商协作
公平与效率思辨	涨价归公理念	所有者拥有土地总产值在重划后不减少	避免绅士化

开发模式：按照规划，将一定范围土地进行存量开发，扣除一定比例的公共设施用地及应抵纳的工程费用、规划费用、贷款利息等抵费地之后，按原有土地相关位次，重新分配

策略优势：
- 保有土地增值环境品质改善
- 促进城市更新减少财政负担

文化展示+公共中心

共生构想
- 游客与居民共享
  - 设施的生产生活性
  - 流线的交互与分离
  - 景观的串联与渗透
- 历史与现代共荣
  - 文保建筑的保护
  - 历史风貌的统筹
  - 建筑高度的协调

物质载体

共生策略一：特色空间嵌入

抓取和集聚徽州聚落中的空间原型（徽州十景），对片区的空间类型进行"平行补充"，让参观者可以在有限的空间里体验徽州地区不同种类的空间与建筑。

天井宅院

牌楼　塔　徽州园林

共生策略二：流线的交互与分离

通过地下交通促进码头门户的人车分离，形成具有标志的入口空间。
通过主、次交通流线，构建完善的步行体系，串联不同功能区，并向两侧住区和共享活力区渗透。其中主要流线为游客游览线路，次要流线为居民生活线路，两者在节点处相交融。

流线的交互与分离

共生策略三：RBD产业发展模式

生活需要　旅游需要

RBD街区效果图

RBD是指由各类纪念品商店、旅游吸引物、餐馆、小吃摊等高度集中组成，吸引大量游客的特定零售商业区。其服务对象既包含外来游客，也包含本地居民，提升本地居民生活便利程度。

为了强调设施的生产生活性，满足游客与居民的共享需求，在街区开发中，采取RBD的产业发展模式。

分区平面图

区位图

功能分区图　　游线节点图

水系视线图　　景观规划图

建筑动能图　　建筑风貌图

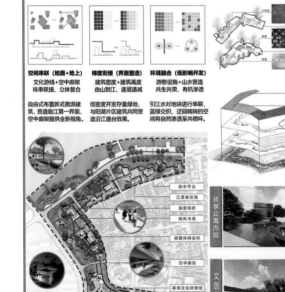

▼街区入口牌楼节点透视图　　　　▲核心景观节点透视图

共栖保育+共享交流

空间串联（地面+地上）
文化游线+空中廊架，珠珠串联线、立体复合
自由式布置式徽派建筑，营造循江第一界面，空中廊架提供全新视角。

梯度衔接（界面塑造）
建筑密度+建筑高度由山到江，逐层递减
低密度开发存量着地性，与阳湖片区建筑共同营造沿江退台效果。

环境融合（低影响开发）
游憩空间+山水营造共生共栖、有机渗透
引江水对地块进行串联，蓝脉交织、迂回流转的空间将向自然渗透至共栖环。

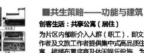

■共生策略——功能与建筑

创客生活：共享公寓（居住）
为片区内部新介入人群（职工），即文创工作者及文旅工作者提供集中式高品质住宅公寓，裙楼布置底商及休闲娱乐设施。为片区内部职工提供长期住所。

创业生产：文创孵化基地
青年创业园区作为阳湖的文化创意产业组成部分，从创意产业的源头上提升街区核心竞争力与活力，为文创工作者提供平台与文化氛围，为文旅体验提供技术支撑。

创新生态：水体净化系统
在片区水系中段构建人工微型湿地，生态岛的净化作用使水体得到净化，利于营造更加宜人的亲水空间，同时提升了片区内空间的丰富性和人们游览驻足的趣味性。

垂直都市农业的应用
提供高密度且灵活的住宅设计，使居民生活在一个花园环境中，在满足居民生活与活动需求的同时，力求构建生态友好的居住建筑片区，提高交流的可能性。

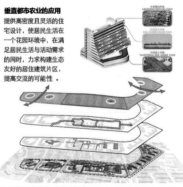

亲水平台
江景展览馆
观景拱桥
闾风市集
微盟休闲会所
空中廊桥
黎客文化博物馆
稽山游客中心
文创办公院落

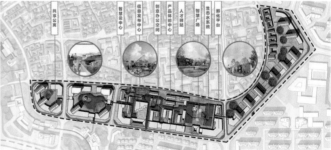

共享公寓内庭

共享公园　智慧社区中心　信息发布中心　创客办公空间　人才公寓　智慧小镇　生态办公系统　孵化中心　产品展示中心

绿色栖居+在地生活

共生策略一：触媒式激活

将公共服务功能置于片区中心的社区服务核中，增设为弱势群体服务的各类设施。

共生策略二：网格状步道

梳理现状建筑，在保留具有传统徽州风貌院落的基础上，重构开放空间。并用纵横交错的步道进行串联，为居民提供步行友好空间。

共生策略三：四水归堂的重新演绎

住区内部借鉴徽派建筑"天井"的建造思路，保持内部空间的开阔性，使居民产生归属感，优化地缘关系，构建良好的居民交流氛围。

功能分区图

居住　公共服务
节点　共享空间

节点流向图

● 人流密集点
主要流线

透视图1：学校

透视图2：口袋公园

透视图3：便民市场

透视图4：老年人照料中心

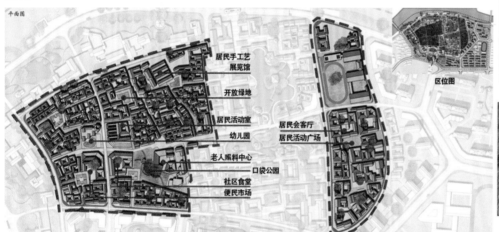

平面图

区位图

居民手工艺展览馆
开放绿地
居民活动室
幼儿园
居民会客厅
居民活动广场
老人照料中心
口袋公园
社区食堂
便民市场

05

白墙黛瓦绕溪流，
几多魂梦到徽州

黄山屯溪区外边溪滨水地段城市设计

学　　生：杨初蕾 李翼飞 邓岳
年　　级：2015 级
指导教师：张忠国 苏毅

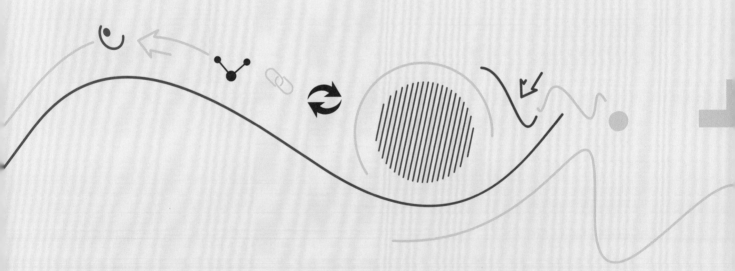

区位分析

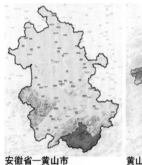
安徽省—黄山市

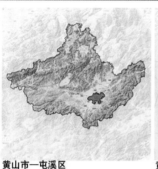
黄山市—屯溪区

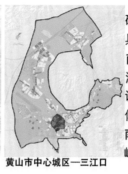
黄山市中心城区—三江口

研究范围：三江口地区具体为东至新安北路，南至徽州大道，西至西海路，北至北海路。
设计范围：外边溪，具体为东至南滨江西路，南至徽州大道，西至文峰路，北至新安江。

研究、设计范围图

历史文化

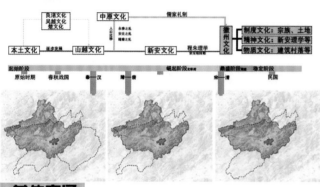

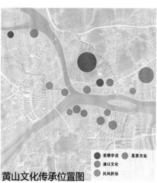
黄山文化传承位置图

总体交通

黄山市交通规划图

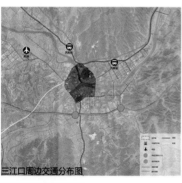
三江口周边交通分布图

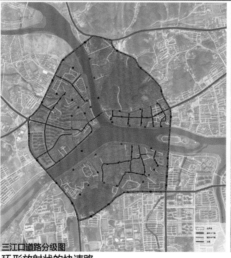
三江口道路分级图

三江口交通站点分布图

环形放射状的快速路

快速路形成"环枝结合、一环五枝"结构。
"一环"：生态绿脉中的道路"内环"（快速南路—快速北路—快速东路—快速西路），连接各区主干道构成的快速城市环路网。"五枝"：新城大道、快速北路、花山大道、梅林三号路、百川路。

上位规划

中心城区结构分析图

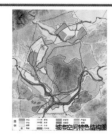
城市空间特色结构图

城市空间结构图

人口分析

三江口行政区划图

基地现状分析

现状水系多是水塘，有稽灵山，建成稽灵山公园。

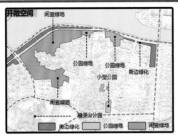

区域内部有大量闲置绿地，绿地利用率不高。

区域内部居住用地过多，不利于未来旅游的发展，应该考虑增加其他用地。

区域内部用地以居住用地、商业金融用地、教育科研公共绿地为主，北部现存少部分历史建筑，南部为现代风貌的居住区。

总城乡用地面积为104公顷。城市建设用地面积为90.95公顷。

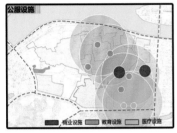

区域内部教育设施充足，托老设施不足。

交通分布混乱，静态停车位少，不利于居民生活。

老区道路呈现鱼骨状分布，巷道较窄。

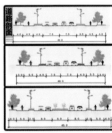

沿江道路活力不足，无观赏体验。

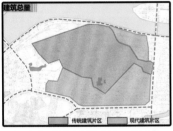

基地内部分为传统建筑片区和现代建筑片区。

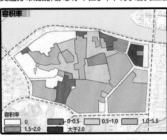

传统建筑片区容积率低，开发强度较低。

传统建筑片区建筑密度多大于30%，现代建筑片区建筑密度多在10%～30%。

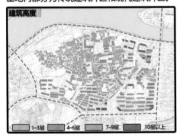

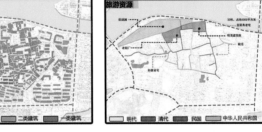

人群需求分析

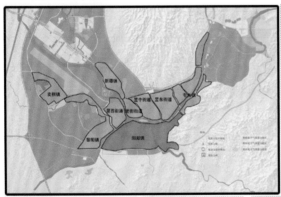

屯溪区常住人口21.76万人，在黄山市排第三；阳湖镇常住人口54942人，在屯溪区排第一；外边溪常住人口14582人。

优势
环山饶水，自然景观与生态丰富。区域有良好生态景观。
历史悠久，有深厚的文化底蕴。有许多非物质文化遗产。
交通便利，区域外部交通设施齐全，方便人们进出黄山。
旅游资源丰富，游人可以领略安徽文化，体验特色风俗。

性别比例 男性人口-49% 女性人口-49%

人口构成 非本地户籍人口 本地户籍人口

年龄构成
9% 0～14岁
21% 15～64岁
70% 65岁及以上

劣势
区域内部道路混乱，其中断头路非常多。
区域内部建筑质量参差不齐，历史建筑保护与开放不足，且没有得到有效利用。
基础设施不足，且设施老旧。

设计理念

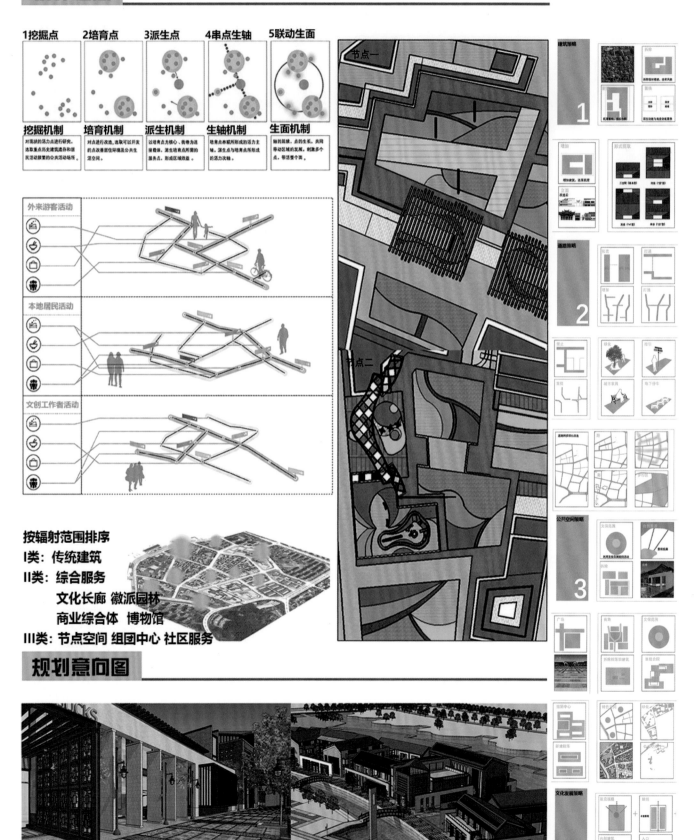

1 挖掘点　**2 培育点**　**3 派生点**　**4 串点生轴**　**5 联动生面**

挖掘机制　**培育机制**　**派生机制**　**生轴机制**　**生面机制**

外来游客活动

本地居民活动

文创工作者活动

按辐射范围排序
I类：传统建筑
II类：综合服务
　　　文化长廊　徽派园林
　　　商业综合体　博物馆
III类：节点空间　组团中心　社区服务

节点一

节点二

建筑策略 **1**

通道策略 **2**

公共空间策略 **3**

文化发展策略 **4**

规划意向图

规划结构

活力点
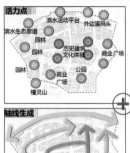
滨水活动平台
滨水生态廊道
外边溪码头
园林
历史建筑文化体验
商业广场
园林
公园
商业广场
稽灵山

轴线生成

滨水轴线
文旅轴线
服务轴线

功能分区

文 渡 园 游 商 住 服

规划结构
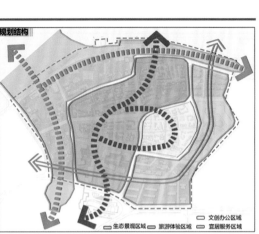
生态景观区域
旅游体验区域
文创办公区域
宜居服务区域

园 服 渡 住 史

西侧为绿色生态廊道，把景观从江水延伸到地块内部。中部为历史文化旅游区域，以明清历史建筑群为起点，以现代商业综合体为结尾，形成由古至今的旅游观赏体验。东侧为宜居服务区域。

用地建筑分析

图底关系

容积率

0.3以下 0.3~0.7 0.7~1.2 1.2~1.5 1.5以上

建筑风貌

园林建筑风貌 新徽派风貌 传统徽州风貌 现代建筑风貌

建筑高度

1~3层建筑 3~6层建筑 6层建筑以上

交通分析

车行交通

主干道 次干道 支路 街道

静态交通
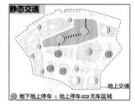
地上交通
地下上地停车 地上停车 无车区域

步行交通

主要慢行道路 次要慢行道路 开放空间

街道类型

特定类型街道 传统商业性街道 现代商业街道 景观性街道 生活性街道

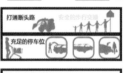

景观分析

景观结构
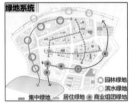
景观活力点 生态景观区
滨水景观轴 外部景观结构环 内部景观结构环

绿地系统
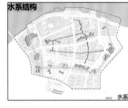
集中绿地 居住绿地 商业组团绿地 园林绿地 滨水绿地

水系结构

水系

滨水景观结构

生态漫步景观道、观景活动平台、外边溪码头，能让人体验外边溪历史上的渡口文化和生态景观。

景观通廊
在立体方向上，园林景观与稽灵山相连接，形成滨水至稽灵山的景观通廊。

沿江界面

传统徽派式建筑 新而徽式建筑 现代商业建筑
第一界面多为三层以下徽派风貌或者带有传统徽州特色。第二界面多为六层以下新式徽派历史建筑或者有徽州元素的建筑。第三界面为现代风貌的建筑，其中商务风貌结合现代元素改造，与后面的山体相呼应，形成山水城市的印象。

人群线路分析
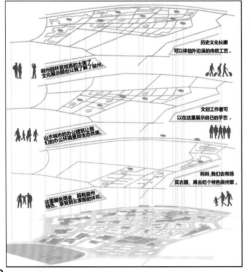

A 当地居民活动
休息—公园空间 休闲
锻炼—广场空间 就医
购物—现代商场 吃饭

B 游客活动
休息—民宿宾馆 体验
休闲—滨水绿地 游玩
购物—旅游纪念 吃饭

C 外来文创工作者
休息—街道绿地 工作
锻炼—广场空间 居住
购物—现代商场 吃饭

徽州园林展现的古老文化示范园可以给了稽灵山。
文创工作者可以在这里展示自己的手艺。
山水城市的办公园既让我有的公共绿地有意思的医院。
妈妈，我们去商场买衣服，再去吃特色徽州菜。
这个服务商会，都有徽州特色，我爱上了家乡的味道。

用地分析

形成从滨水到稽灵山不断增高的建筑排布，三种建筑界面与徽州山水相结合，形成古徽州与新徽州的碰撞。

用地平衡表

用地代码			用地名称
大类	中类	小类	
R			居住用地
	R2		二类住宅用地
		R21	住宅用地
A			公共管理与公共服务设施用地
	A2		文化设施用地
		A22	文化活动用地
B			商业服务设施用地
	B1		商业用地
	B2		商务用地
S			道路与交通设施用地
	S1		城市交通用地
G			绿化与广场用地
	G1		公园绿地
	G3		广场用地
E			水域
	E1		
		E11	自然水域

区域内部用地有文化用地、居住用地、商业金融用地、教育科研、公共服务为主。

传统徽州 徽而新 新而徽

平面图

鸟瞰图

文化节点设计

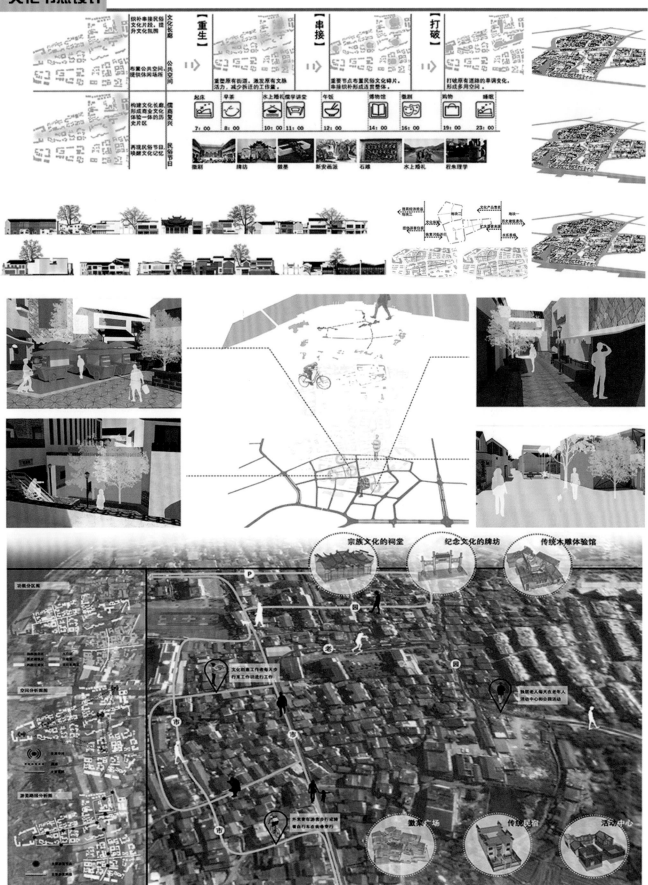

生态节点设计

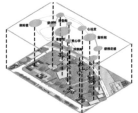 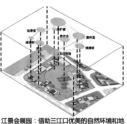 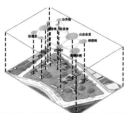 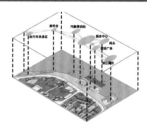

徽剧品听园：位于主要商业街入口广场的临近地块，以徽剧的独特魅力吸引游客驻足品听，在游园品听徽剧之后引导游客进入地块内部商业街。

江景会展园：借助三江口优美的自然环境和地理区位，建设以会议展览为主要功能的园区，确保其私密性。

休闲品茗园：以徽派建筑和廊道为主，给居民提供日常休息、交谈、健身、歌唱、舞蹈等活动的空间，同时有数个茶室供居民和游客一同品茗赏景。

滨江综合休闲区：该区域由休闲亲水平台、汽艇停泊站、游客服务中心、游客码头和滨江集市组成，意在吸引三江两岸的游客利用多种交通工具前来游玩。其中码头和服务中心综合体位于休闲区的中心。

  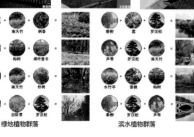 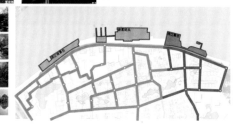

绿地植物群落

滨水植物群落

服务节点设计

借鉴马岩松工作室的南京南站山水之城设计理念，作为历史文化悠久的地段，外边溪区域地处三江口，内部有稽灵山，在这样的人文历史和自然兼具的城市中，选取稽灵山紧邻地段建立城市商业综合体，希望可以打造山水自然之景回归人造建筑的城市设计。

采用绿色低碳建筑，外观上加入曲形架构，在建筑形态上"叠合山"的形状，与稽灵山相呼应。

形成空中观景步道，使人们可以在建筑之间穿梭。

   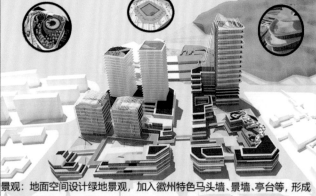

景观：地面空间设计绿地景观，加入徽州特色马头墙、景墙、亭台等，形成具有徽州特色的景观空间。建筑加入退台阶梯景观平台、空中花园的设计。

承脉织新 · 有机共生

公主岭市日俄片区城市设计

学　　生：韩敬轩　林清华　袁正旭
年　　级：2015 级
指导教师：荣玥芳

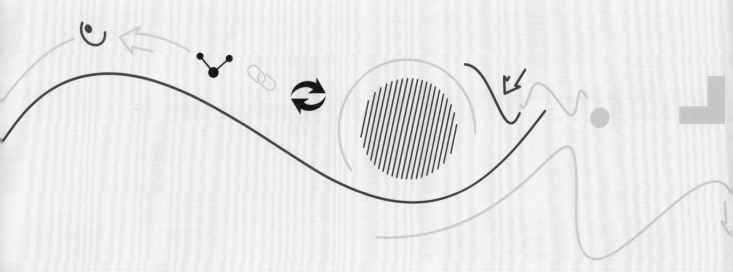

城市区位

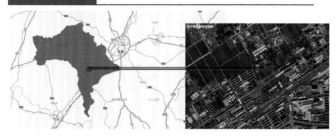

公主岭市位于长春市与四平市之间。地块位于公主岭市铁北地区。北部边界为吉林省农业科学院畜牧科学分院，南至铁北东街，西临科苑新城，东临四六二医院及公主岭市教师进修学校。

城市历史文化

历史沿革

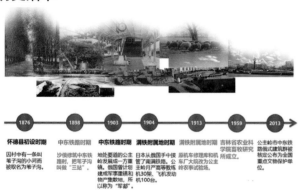

1876	1898	1903	1904	1913	1959	2013
怀德县初设时期	**中东铁路时期**	**中东铁路时期**	**满铁附属地时期**	满铁附属地时期	吉林省农业科学院畜牧科学分院成立。	公主岭市中东铁路俄式建筑群被核定公布为全国重点文物保护单位。
因村中有一条叫苇子沟的小河而被取名为苇子沟。	沙俄修建中东铁路时，把苇子沟叫做"三站"。	地处要道的公主岭发展成一方军镇。俄国计划建成军事重镇和物产集散地，所以称为"军都"。	日本从俄国手中接管了南满铁路。公主岭月产军需货物机30架、飞机发动机100台。			

中东铁路

中东铁路在最初建成时被称为"大清东省铁路"，简称"东清铁路"。
辛亥革命以后改称"中国东省铁路"，即"中东铁路"。

城市文化潜力

方向1	方向2	方向3	方向4	方向5
传承农耕文化	创造饮食文化	发展创意农业	最大化景观体验	进行科普教育

五大文化发展方向：传承农耕文化、创造饮食文化、发展创意农业、最大化景观体验、开展科普教育。

交通衔接

城市交通衔接图

东西向城市道路科贸大街和铁北东街贯穿基地内部。

地块距公主岭站2千米，步行需30分钟左右。

人流主要从基地西侧科贸大街和基地南侧解放路进入内部。

绿化衔接

城市绿化衔接图

公主岭市的城市公园：依托二十家子、龙山独特的民俗和生态资源优势，将南部新区打造成公主岭市的城市公园，满足人民群众不断增长的精神文化需要。

城市内部的公园：响铃公园。

场地分析

外部设施分析

地块外部设施分析图

地块周边居住区

地块周边铁路线

地块周边医疗设施

地块外部公共设施较为齐全，但商超不足。除商超和幼儿园、小学以外，其他公共设施基本能满足地块内人们的需求。

为了给人们提供便利，可以考虑在地块内增设公共服务设施。同时周边增添一些教育和商业服务设施。

场地周边交通设施充足，道路通畅。紧邻铁路线，周边2千米范围内有公主岭站。

设计策略

概念生成

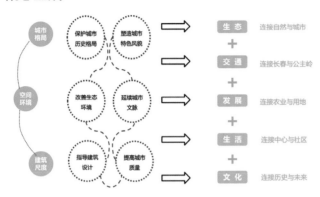

明确方向

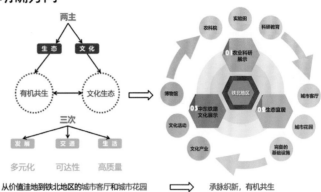

从价值洼地到铁北地区的城市客厅和城市花园 ⟹ 承脉织新，有机共生

三大设计策略

文化：打造历史文化发展带
以地块的中东铁路历史文化和农业文化为基础，发展创意艺术、博物馆等文化产业，打造历史文化发展带。

旅游：引入丰富多彩的旅游活动流线
增加多种地块功能，丰富旅游活动，引入丰富多彩的旅游活动流线。

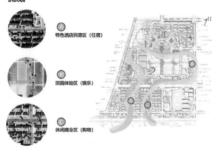

生活：创造有特色的城市公共空间
在不同的功能区创造不同的城市空间，使其富有特色并具备不同的功能。

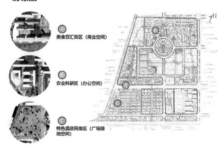

总体规划框架

空间结构

"一轴一环一核心多节点"发展

城市联系
规划重视与城市的联系，南部与主城区进行贯通连接，北部与新建机场进行联系。考虑地块功能对于周边地块的服务可能性，外围功能以公共功能为主，地块向外打开。

内部联系
注重核心区与地块其他区域的联系。保证南部景观的贯穿渗透关系，同时与铁路合理隔声，避免干扰。

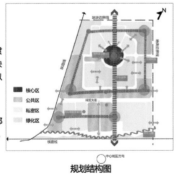

规划结构图

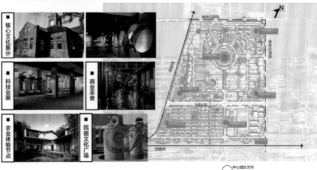

特色亮点

亮点1 构建文化生态

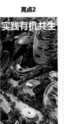

亮点2 实践有机共生

亮点3 优化铁路两侧空间

亮点4 打造特色节点

亮点5 提升街区质量

综合交通组织

道路等级划分

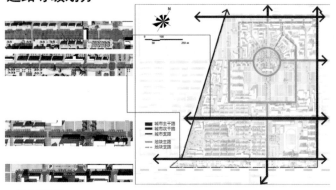

城市级道路

主干路：双向八车道，设置信号灯。
次干路：双向四车道，设置信号灯。
支路：双向两车道，设置信号灯。

地块道路

地块主路：双向四车道，不划线，无信号灯。
次路：双向两车道，不划线，无信号灯。

道路交通分析图

城市道路

开辟新的车行路，增设新的车行出入口。

步行街区

适宜步行的街区尺度。

停车配建

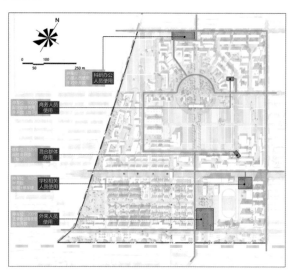

停车配建分析图

城市道路

开辟新的车行路，增设新的车行出入口。

停车楼

一处停车楼，供教职工使用，计130个停车位。

地下车库

两处地下停车库，供不同人群使用，计2315个停车位。

满足各种不同人群使用需求

科研办公人员	（固定车位）
商务人员	（限定人群使用）
学校教职工	（固定车位）
学生家长	（限定人群使用）
游客、周边居民	（开放社会停车场）

慢行系统

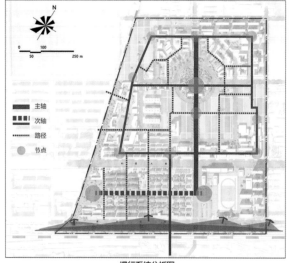

慢行系统分析图

总平面图

地块功能标注

1 公主岭市第三中学
2 休闲广场
3 带状公园
4 文化广场
5 特色民宿
6 休闲咖啡馆
7 居民超市
8 零售商业+社区服务
9 创意交流园
10 特色书店
11 餐饮服务
12 特色酒店
13 休闲商业区
14 景点入口集散广场
15 综合服务中心
16 茶馆
17 花田慢步道
18 保护黑松步道
19 新品体验中心
20 孵化基地
21 温室种植大棚
22 美食百汇街区
23 文创商业街区
24 中心综合文化展览馆
25 中东铁路文化展览馆
26 农家体验馆
27 采摘体验区
28 日式保护建筑
29 农科院试验田
30 农科院办公区
31 农科院餐饮服务
32 农科院教学楼
33 对外交流中心
34 农科院实验楼
35 农业教学互动园区
36 科研人员宿舍区
37 农业科技展示园区
38 商务休闲住宿酒店
39 商务会谈室
40 科研产品展销中心

技术经济指标

总用地面积: 74.22 hm²
总建筑面积: 126.17 hm²
容积率: 1.7
建筑密度: 34.8%
绿地率: 36.5%
停车位: 2745个 (地上300个)

N

0 50 100 250 m

分区逻辑框架

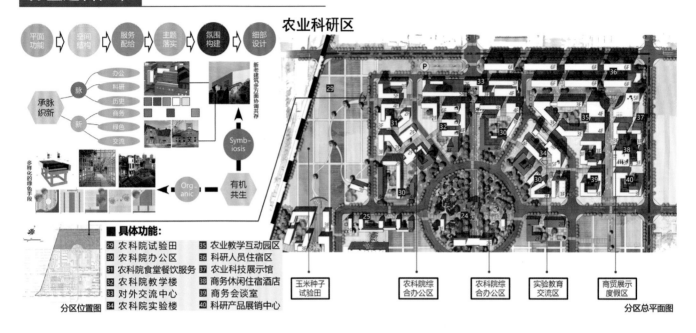

农业科研区

■ **具体功能：**

29 农科院试验田　　35 农业教学互动园区
30 农科院办公区　　36 科研人员住宿区
31 农科院食堂餐饮服务　37 农业科技展示馆
32 农科院教学楼　　38 商务休闲住宿酒店
33 对外交流中心　　39 商务会谈室
34 农科院实验楼　　40 科研产品展销中心

分区位置图

玉米种子试验田　　农科院综合办公区　　农科院综合办公区　　实验教育交流区　　商贸展示度假区

分区总平面图

分区空间结构

动空间组织：利用外向节点与主要轴线呈带状相连，形成实关系的空间秩序。

静空间组织：利用拓扑关系联系各个内向空间，形成虚关系的空间秩序。

动静衔接：形成环状的路径挂于主轴带上，连接动静空间。

核心巩固：建筑空间关系上保存巩固核心节点的最佳视线，在核心周边留出丰富的绿化空间以进行氛围巩固。

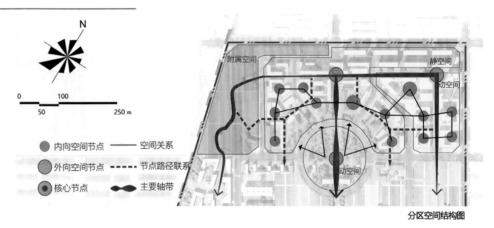

● 内向空间节点　　　—— 空间关系
● 外向空间节点　　- - - 节点路径联系
● 核心节点　　　　　◆ 主要轴带

分区空间结构图

服务配给

农科院所属地块

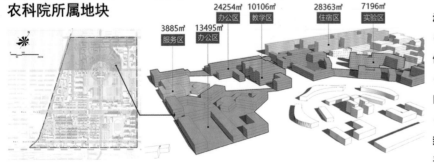

3885㎡ 服务区　13495㎡ 办公区　24254㎡ 办公区　10106㎡ 教学区　28363㎡ 住宿区　7196㎡ 实验区

承载力

①农科院办公：处理原有农科院办公功能，将位于其他区域的农科院功能全部迁移至此处。

②学生与研究员教研使用：分别设置了教学区、实验区。

③服务类设施：食堂、小超市、生活用品店。

封闭方式

采用按地块封闭的门禁系统。

服务对象

① 学生、研究员：基本居住在宿舍，一日三餐在园区中解决，实验室、教学楼、会谈室一应俱全。

② 农科院工作人员：多从老城区赶来上班，实行原有办公安排。

商贸展示度假区

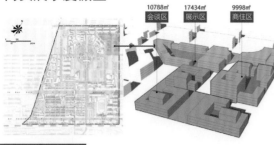

服务对象

①商务人员：以种子公司员工为主，主要来此商谈技术协议、种子购买。

②企业团建活动人员：伴随着商务活动而来的公司员工福利活动，以住宿放松、休闲餐饮为主。

承载力

①商业会谈室：面向群体仅集中于各类种子公司。

②科技成果展示：不仅面对各企业展示最新的育种技术，还向社会进行观光展示，规模较大。

③商务住宿：为规模不大的商务团建服务。

氛围构建

晴　雨

阴　雪

细部设计

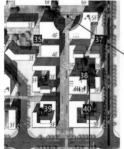

细部平面放大图

景观小广场透视效果图

细部景观透视效果图　　细部景观透视效果图

生态化设计：多种形式绿色生态景观建设，建筑与自然有机共存。

停留空间：基于树荫和长廊，提供更宜人的休憩空间。

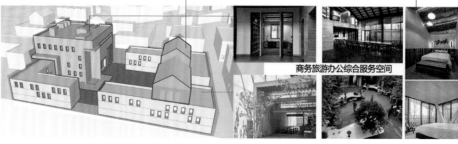

商务旅游办公综合服务空间

分区功能框架

历史文化体验区

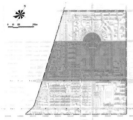

- ⓯ 综合服务中心
- ⓰ 茶馆
- ⓱ 花田漫步道
- ⓲ 保护黑松步道
- ⓳ 新品体验中心
- ⓴ 孵化基地
- ㉑ 温室种植大棚
- ㉒ 美食百汇街区
- ㉓ 文创商业街区
- ㉔ 中心综合文化展览馆
- ㉕ 中东铁路文化展览馆
- ㉖ 农家体验馆
- ㉗ 采摘体验区
- ㉘ 日式保护建筑
- ㉙ 农科院试验田

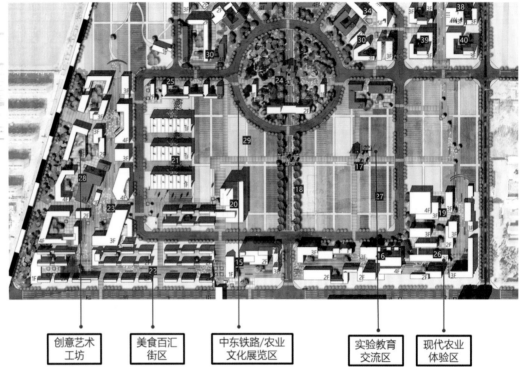

创意艺术工坊　美食百汇街区　中东铁路/农业文化展览区　实验教育交流区　现代农业体验区

分区空间结构

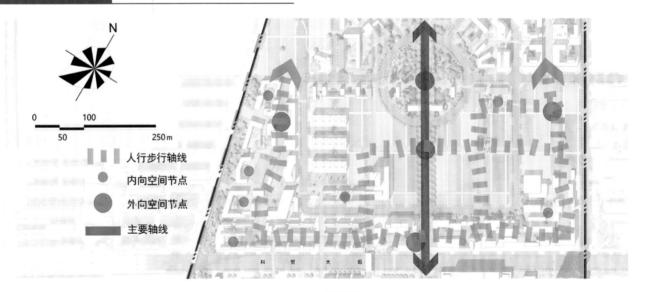

人行步行轴线
内向空间节点
外向空间节点
主要轴线

贯穿主次
以一条主要轴线贯穿南北，连接主次景观节点并打通视线通廊。

丰富流线
用丰富的人行流线串联地块，连接各个内外向空间节点。

内外结合
内向空间节点与外向空间节点结合，组成丰富的各色空间。

片区规划
不同片区间有机结合，给不同人群提供不同的服务功能。

服务配给

历史文化体验区——文化创意区+历史展览区

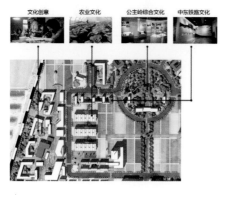

建筑形式

在现代风格中融合历史
文化建筑，和周边的风
格有机协调。

服务对象

游客、周边居民、科研
人员。

功能类型

蔬菜大棚展览、室内展台展览、
商业广场、艺术文创园、传统
工艺体验馆、艺术创意工作室、
艺术复古市集等。

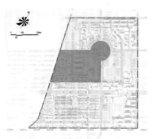

节点位置图

历史文化体验区——田园农业文化观光体验区

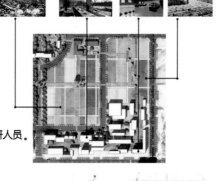

建筑形式

在现代风格中融合历
史文化建筑，和周边
的风格有机协调。

服务对象

游客、周边居民、科研人员。

功能类型

花田、采摘园、农家乐、茶馆、新
品体验中心、农家体验馆等。人们
可以在此亲手采摘，体验新时代的
农业文化，品尝新鲜的农业产品，
还可以在茶馆喝茶放松。

节点位置图

主体落实

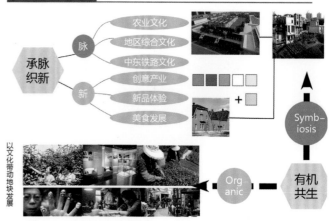

分区整体氛围构建

文化创意园区+美食百汇街区

历史文化展览区

田园农业文化观光体验区

07

枕活边缘 · 乐享农庄

公主岭市日俄片区城市设计

学　　生：张立君 闫琪 陆桐
年　　级：2015 级
指导教师：荣玥芳 石炀

1.1区位分析

将公主岭市打造为承接长春市产业转移、服务区域经济发展的汽车零部件生产基地、物流中心及农产品基地。

长春—公主岭产业分工图

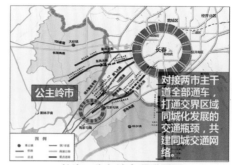

对接两市主干道全部通车，打通交界区域同城化发展的交通瓶颈，共建同城交通网络。

长春—公主岭交通联系图

1.2项目概览

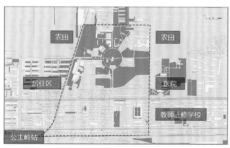

用地范围图

基地概况

地块位于吉林省四平市公主岭市，用地面积74.22 hm²。

一、生态农业科研基地

借助农科院产权优势，建立玉米产业研发中心，提升育种单位研发能力，利用现有实验田研究试验如何更好地进行绿色种植、绿色农业生产。

二、旅游导向开发建设

与服务业串联，发展餐饮业，建设自然历史博览馆、玉米艺术馆，开展体验式特色农业、采摘园体验。

三、工业遗产文化观光

以中东铁路的历史吸引旅游参观人群，实现新旧功能转化，铁路建筑和铁路文化的科普教育、工业遗产建筑成为历史文化展览的最优载体。

三大产业发展方向

1.3场地解读

外部道路交通分析图

机车厂建筑群　　　学校　　　居住区

内部建筑分布图

建筑评估分布图

1.4价值评估

一、生态农业

农业科技、体验式景观

策略：借助农科院产权优势，建立玉米产业研发中心，提升育种单位研发能力。研究试验如何更好地进行绿色种植、绿色农业生产。三产联动，与服务业串联，发展玉米餐饮业，建设全国玉米博览馆，开展体验式特色农业、玉米园采摘体验。

二、历史文化

中东铁路、俄日建筑、日式住宅

策略：工业遗产的开发模式——以保护性开发再利用为主的这一类型的开发一般偏重于工业遗产所在地的历史文化、景观或者生态等方面的价值。它强调的是具有历史价值的产业景观、土地及其附属设施的时间特征和属性。

设计场地建筑分布及编号图

■ 机车厂建筑群　■ 日式建筑群　□ 俄式建筑群

名称及编号	原用途类型	样式特点	利用情况	保存质量
吉林吉农草地研究所办公楼（1号）	俄式工业建筑	十字形屋顶，方形平面，清水砖墙	现作为办公建筑使用	保存完好
公主岭俄式工业建筑2栋（2号、3号）	俄式机车工业建筑	大屋顶L形平面，体量巨大，二层	现为农科院用房	保存完好
俄式工业建筑一栋（4号）	俄式机车工业建筑	长矩形平面，砖石建筑	现为农科院用房	保存完好
俄式机车检修库（5号）	俄式机车工业建筑	砖木结构，三间车库砖式造型复杂	废弃闲置	基本完整

生态农业

农业科技　　**体验式景观**

历史文化

中东铁路　　**俄日建筑**　　**日式住宅**

农科院——人才基础，科研基础

试验田——优良农田，基地优势

机车厂——保护建筑，交通优势

历史建筑——规模庞大，错落有致

日式住宅——风格统一，保存完好

2.1 设计策略

遗产保护
保留原有工业遗产形态及风貌的同时，利用现有工业遗产，展示地区文化，铭记历史。

1. 功能置换
原有功能：工业类、生产类建筑，直接服务于铁路，为铁路机车生产和修理提供保障。
置换功能：展览空间、办公空间、休闲空间、商业空间、复合型空间。

名称及编号	原用途类型	样式特点	原有用途	置换功能
吉林吉农草地研究所办公楼（1号）	俄式工业建筑	十字形屋顶，方形平面，清水砖墙	办公建筑使用	玉米艺术馆
公主岭俄式工业建筑2栋（2号、3号）	俄式机车工业建筑	大屋顶L形平面，体量巨大，二层	农科院用房	科研办公
俄式工业建筑一栋（4号）	俄式机车工业建筑	长矩形平面，砖石建筑	农科院用房	科研办公
俄式车库修库（5号）	俄式机车工业建筑	砖木结构，三间车库砖式造型复杂	废弃闲置	铁路博物馆

2. 设计风格
建筑风格：墙面砌筑、铁皮黑色坡屋顶、建筑檐部及转角处都有木质构件装饰。
工业建筑立面：多以青砖和红砖砌筑而成。
细部装饰：以石器雕塑和木质雕刻等花纹装饰为主。

砖砌山墙图案　　黑色铁皮屋顶　　屋檐木构

3. 空间改造
点状——遗产资源多元利用：采用加法、减法、分割、个体合并等空间组合形式，使得多元文化耦合、多维交通连接、多处景观再造及多种活动交织。
线状——黑松木资源多样改造：针对黑松木资源，采用附建空中廊道以及慢行步道等方法打造景观轴线。

4. 设施改造
服务类：在公共空间设置相关服务设施，可供工作者或来访者进行交流，在室外呼吸一下新鲜空气，舒缓情绪。同时利用新的现代建筑元素为场所带来活力，为游客带来丰富的体验。
景观类：设置遗产观览视线延伸至场地内试验田等景观设施，实现历史保护与生态农业的结合。

长椅

旅游开发
置入旅游产业实现农旅融合，置入旅游活动要素吸引人群。完善、增加旅游活动要素——行、住、食、游、购、娱。

1. 农旅融合发展
促进农业产业结构的转型和升级，提高农业附加值，拉动地区的发展，拉长农业和旅游业的产业链，增加产业边际收益，拉动农产品的加工和销售，实现地区一产、二产和三产的融合。从旅游活动六要素——行、住、食、游、购、娱出发，对地块进行农旅融合。

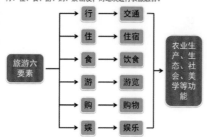

2. 农旅融合六种模式
农旅融合六种模式包括农业景观道路、民宿客栈、农家饭店、农业观光旅游、旅游农产品、农业体验旅游。

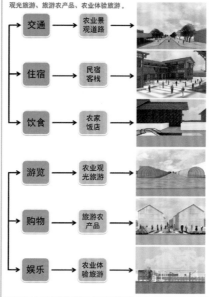

2.2 导则

A-01地块
A-01地块功能定位为文化教育区，地块内建筑密度较小，容积率较低，主要是对历史保护建筑的更新利用以及景观节点氛围营造，建筑高度控制在15米内。

编号	用地性质代码	用地性质	用地面积	总建筑面积	容积率
A-01		文化设施用地	24061m²	3050m²	0.13

A-02、A-03、A-04、A-05地块
A-02、A-03、A-04、A-05地块功能均定位为农产品研发展示区，地块内建筑密度适中，容积率较低。建筑高度控制在15米内。建筑风格为现代风格，营造轻松的高科技工作氛围。

编号	用地性质代码	用地性质	用地面积/m²	总建筑面积/m²	容积率
A-02	A35	科研用地	7106	1558	0.22
A-03	A35	科研用地	8332	2523	0.30
A-04	A35	科研用地	7991	2625	0.33
A-05	A35	科研用地	9208	2625	0.29

A-06、A-07地块
A-06、A-07地块位于休闲农园区，地块内建筑密度较小，容积率低，主要是对商业街氛围营造，建筑高度控制在12米内。

编号	用地性质代码	用地性质	用地面积/m²	总建筑面积/m²	容积率
A-06	B2	商业用地	15392	7696	0.5
A-07	B2	商业用地	7696	3848	0.5

交流空间

节点效果图

总平面图

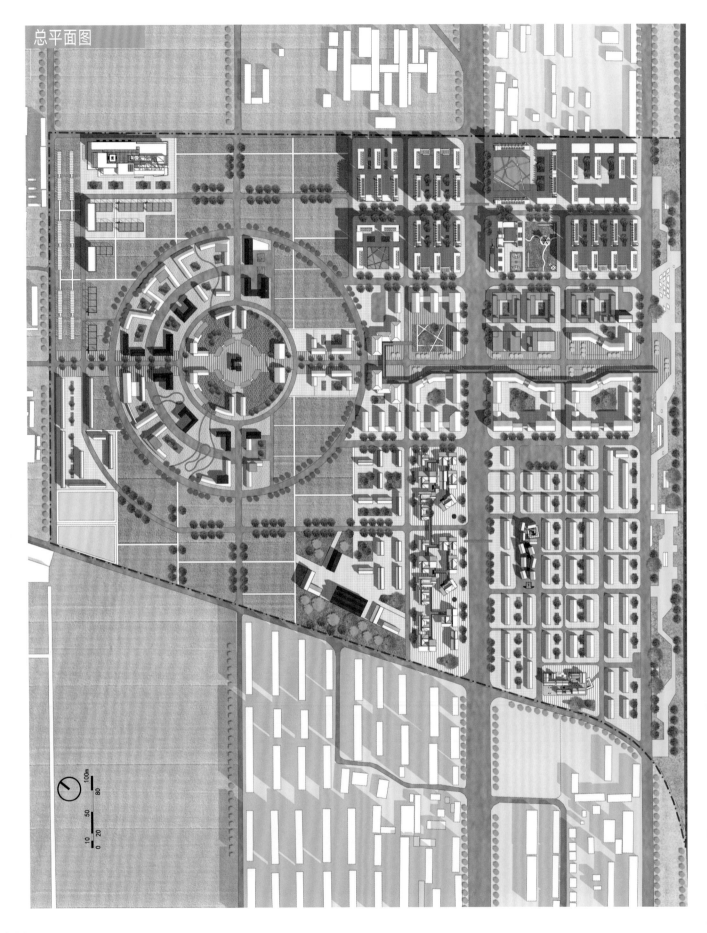

鸟瞰图

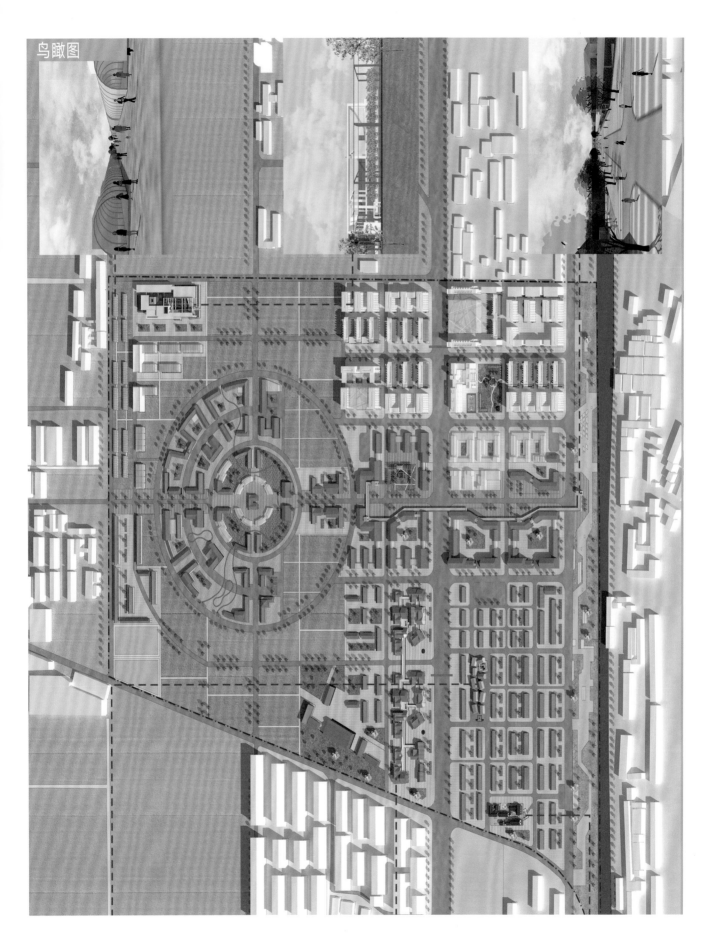

文化教育区&景观廊道区

景观步道　从中心到步道

标牌设施

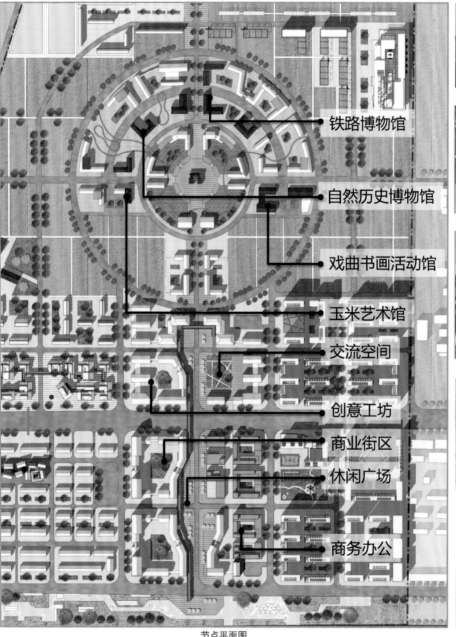

铁路博物馆

自然历史博物馆

戏曲书画活动馆

玉米艺术馆

交流空间

创意工坊

商业街区

休闲广场

商务办公

节点平面图

桥下空间

创意工坊

商业街区

休闲广场

商务办公

商业民宿区&农产品研发展示区

商业街
民宿
旅游接待

日式居住区

商业街
节点功能：特产和纪念品售卖、日常生活用品售卖。

服务对象：游客、周边市民、科研人员。

用地面积：3950m²。

停车场面积：2303m²。

活动类型：购物、游览、休憩、体验。

业态类型：零售业。

植物展览中心
节点功能：植物展览、植物种类学习。

服务对象：游客、科研人员、学生、当地居民。

用地面积：7106m²。

活动类型：参观、学习、游览、体验。

业态类型：文化休闲。

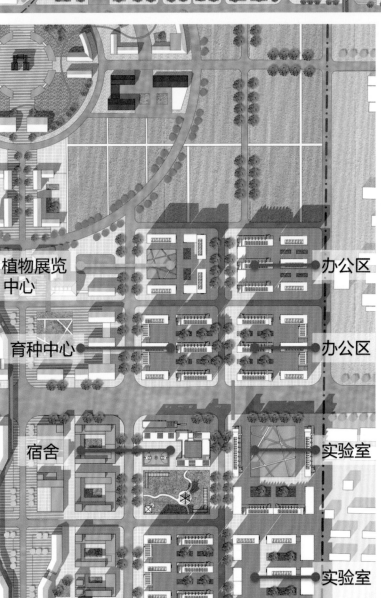

植物展览中心

育种中心

宿舍

办公区

办公区

实验室

实验室

植物展览中心鸟瞰图

植物展览中心人视图

无土栽培

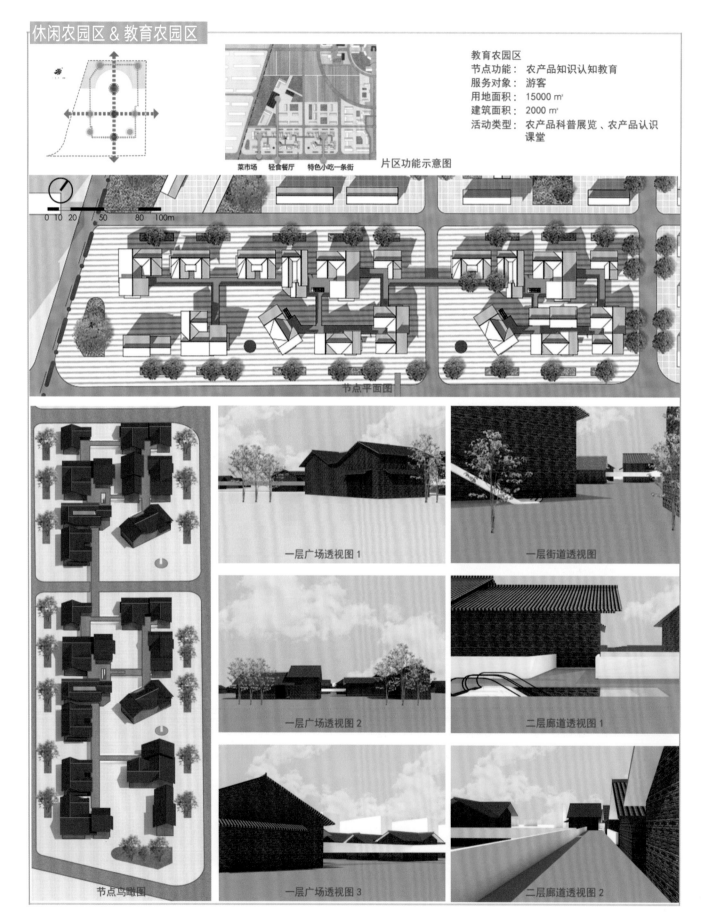

休闲农园区 & 教育农园区

菜市场　轻食餐厅　特色小吃一条街

片区功能示意图

教育农园区
节点功能：农产品知识认知教育
服务对象：游客
用地面积：15000 ㎡
建筑面积：2000 ㎡
活动类型：农产品科普展览、农产品认识课堂

0　10　20　　50　　80　100m

节点平面图

节点鸟瞰图

一层广场透视图 1

一层街道透视图

一层广场透视图 2

二层廊道透视图 1

一层广场透视图 3

二层廊道透视图 2

沈海 2049

沈阳工业遗址保护更新设计

学　　生：郑衍镱　张钰瞳　耿卓艺　王烨　李晨明　杜一凡
年　　级：2015 级
指导教师：石炀

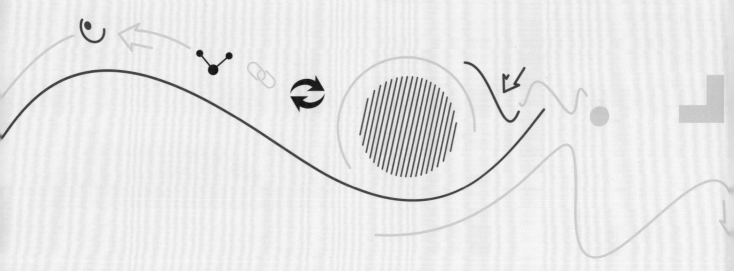

沈海 2049
重点问题研判&案例分析&核心议题引入

沈海是最能体现悠久历史与近代工业之间的碰撞与融合的城市，因为其本身就是一个在碰撞与融合之间从沉痛记忆走向蓝兴之路的城市。而地块的位置是生态水系绿地和铁路工业线路的碰撞之点，也是未来的融合之处。地块自身自治中自然着自然性生态和基础设施、工业记忆之间的碰撞，这种碰撞表面看起来是"对撞"，本质是"契机"，我们游过以和性城市的视角，通过地块自身的设计，把这种碰撞的力量引向地块的未来。

宏观区位
沈阳市的位置、辐射

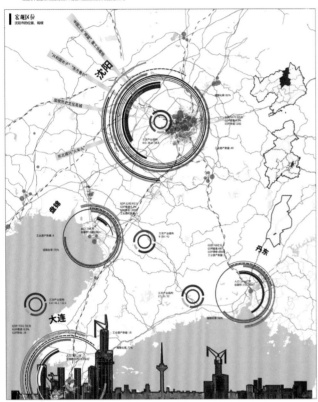

绿化及文化旅游资源分析

周边绿化资源分析图

周边文化资源分析图

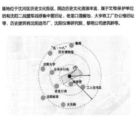

15min文化资源分析图

交通分析

宏观交通分析图

中观交通分析图

沈阳是东北地区最大的交通框纽，以沈阳为中心，至北京、大连、哈尔滨、抚顺、丹东高速公路已经建成。地块距营口港 200 km，距大连港 400 km，地块紧靠沈阳东站（货运站），距沈阳桃仙机场 20 km，距沈阳市中心 17.5 km。

基地位于一环西南西快速路交汇的东南部，周边交通便利。东北部是沈青铁路线，基地南部为沈青高速、S107 和 S103 省道。基地邻京哈线一环、双地铁、双快速路，龙之梦商圈交通框纽，周边分布多个公交站点，交通便利。基地市南有设有有屏桥。

基地步行5到地铁站200m，距离铁门？场地铁线很离 900m，到达地铁站需在立交桥下存探行，距离较近但行存在不便。根据沈阳市城市轨道远景规划显现，地铁轨道步步地将经过本块，未来会有轻轨地铁线经过内环线两侧，将为基地带来便利性。

基地周边步行交通主要依靠公交站点。经调研，基地周边公共交通便捷，分布18个公交站点。基地地图公交站点在南部分布密集且沈海立交桥下有入行通道，可带来龙之梦商圈方向的部分人流。

历史沿革
沈阳工业遗产发展历史

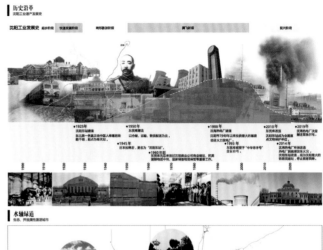

水轴绿道
生态、开放属性激活城市

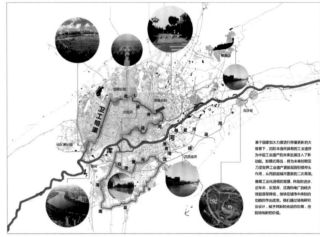

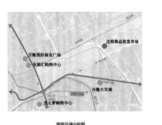

微观交通分析图

周边地铁交通分析图

15min文化资源分析图

基地与周边交通联系分析

建筑分析
场地构成建筑群区及保留情况分析

建筑分析

结构
材料
标志
肌理
色彩

建筑元素提取

1号建筑 2号建筑 3号建筑 4号建筑 5号建筑 6号建筑 7号建筑 8号建筑 9号建筑 10号建筑 11号建筑

东贸库建筑实景

公共卫生安全视角下的韧性城市

背景分析

平灾结合研究

应急装箱提出

1.功能转换

2.基础设施

案例分析
借鉴国外经验，设计手法等方面提出的案例分析

功能定位

1.以开放性与日常性的和谐姿态融于城市公共生活——上海当代艺术博物馆

2.青年与儿童的乐园——卡尔卡仙境

3.庞大的综合体——巴西发电站

4.文化与工业景观的融合——首钢西十简仓、798艺术区

设计手法

1.上海当代艺术博物馆

2.北杜伊斯堡景观公园

3.新与旧、碰撞与融合

4.冷却塔设计的多样性

场馆联动

公共心理健康视角下的健康城市

背景分析

我国健康城市规划发展历程

1989 1992 1999 2003 2005 2008 2012 2015 2016 2020

健康城市理念

身体健康
心理健康 社会安康
健康的构成

不同人群心理健康分析

人群分类	心理压力来源	需求/途径	对应项目

儿童、少年 0-17岁
青年 18-34岁
中年 35-59岁
老年 60岁以上

学业 父母 人际交往
就业 婚姻 职场
健康状况 经济
子女 社会疏离

散心 亲近自然 呐喊 眺望 极限运动 聚会交往 价值体现 心理咨询 游戏 宠物陪伴 学业

初步定位

健康城市画片 公共健康单元 健康生活目的

沈海 2049
平灾结合视角下的工业遗址保护更新设计

本次设计从场地本身的条件出发，结合当下疫情以及韧性城市、健康城市等可持续发展的概念，挖掘工业遗产在城市中的新价值，深入空间，进行细部设计，我们通过建筑层、地面层、地下层三个层次的设计，延续工业记忆，织补水绿空间，还在尝试让也尊重了沈阳市的水绿系统和工业遗产文化脉络，整个方案的完成也让我们对灾后思考，即在未来城市更新中，一些大地块更新作为灾难视角下的可能性。

城市模块研究
工业遗址的特征和灾难灾害思考

城市的需求

城市需要依靠健康的防灾设施，例如城市级、片区级、社区级等。其中社区级规模较小，可在现状基础上补齐完善。

周边的基础条件

在区位和交通的优势上，地块靠近市中心，周边开发充分，交通位置便利。

地块的空间供给潜力

从空间供给潜力看，工业遗址更新比较适合这两类设施的需求。

理念生成
由城市平灾模块的提出引向分层架构设计

01
02
03

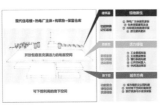

平时
开放包容的活力空间

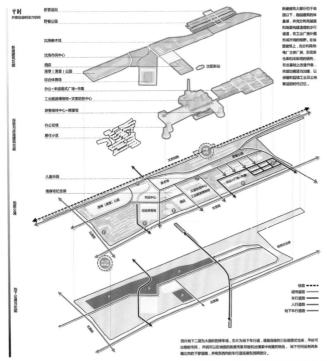

灾时
应急避难支援

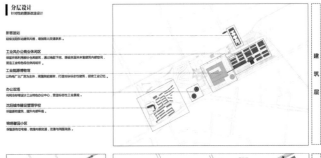

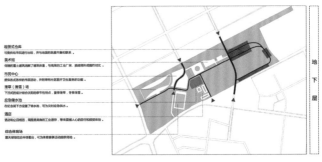
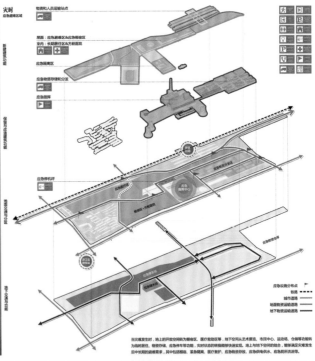

日常
开放包容的活力空间

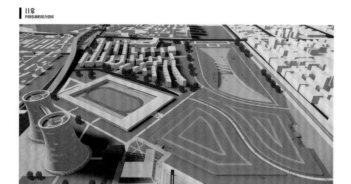

设计解构
由城市平灾模式的提出引向分层解构设计

综合体育场

<滑雪、滑草公园

综合体育场入口

市民中心入口

<综合体育场内部   市民中心

市民中心采用低矮的半埋下筑土建筑，顶部和周围设施条形天窗进行采光，建筑屋顶可通过坡道步行到达。综合体育场开发了地下空间。采用半埋下设计，四周有看台、体育场。滑雪公园采用下沉式通道，夏天可作为休闲场所、滑草公园，滑道两侧是半地下筑土建筑，可从坡道两侧进入内部。该区域减缓坡道、地面开放、平埋，地面开放空间在灾时可快速转化为相临区、医疗救护区等，建筑内部体量也都较大，灾时可转化为方舱医院、物资存储空间等。

灾时
灾害发生时的应急空间

平时：滑雪、滑草公园
灾时：棚宿区

平时：市民中心
灾时：医疗救护区

平时：综合体育场
灾时：方舱医院

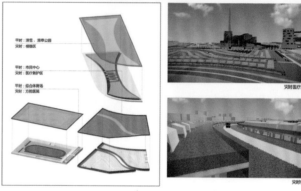

灾时医疗救护区

灾时棚宿区

日常
开放包容的活力空间

设计解构
由城市平灾模式的提出引向分层解构设计

景观水台、蓄水池   太阳能电池板

外加楼梯   观光企业；大运量货物通道   景观栈桥

主体厂房外加楼梯、钢架结构，在保留原有建筑结构的同时提供全方位的参观角度，同时提供了多种观景入口通道。另外还安装有太阳能电池板，以提供一部分绿色能源。其余部分结合原有工业构筑物形成景观水池、景观小品。

艺术博物馆北立面

艺术博物馆中庭

重土屋顶   花园中庭   地下篮球空间   重绿空间   重土屋顶

厂房西入口

酒店与艺术博物馆均位于半地下，顶部屋顶提供休闲场所、应急避难空间、室内设置嵌入酒店屋檐、增加饮食功能、地下设置住宿、仓库等功能。
在充分考虑保留场地有结构以及其独特的工业景观特色的基础上，嵌入七层楼面，镂空中的自然采光设计，开发屋面观光电梯，顶屋为观光台、餐饮空间，其余部分为办公空间。

灾时
灾害发生时的应急空间

场地位于地块中心，内有保留的核心工业遗产建筑、构筑物，以及历史遗存于半地下的艺术博物馆等。空间方面，除保留工业建筑以外，新建建筑嵌入的下地面应急服务空间，形成多用途的开放空间，以沈海原有工业形态。主体厂房改造为平时的工业博物馆和灾时的应急指挥中心。物资转运中心为冷却塔改造为指挥中心，展览中心可与地改造相临，罗盘灯广播电视镂空的空间。艺术博物馆位于半地块地下，连通城市其他地下空间。平时提供市民地下参观博物馆等，灾时成为应急避难场所，充分体现了平灾综合视角下的工业遗产改造理念。

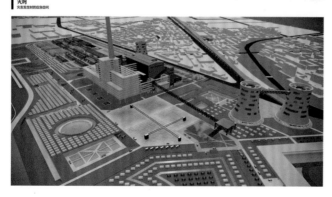

灾时情景

观光电梯   开窗   空中企业座   新加楼梯

冷却塔内部

日常
开放包容的活力空间

设计解构
由城市平安橱块的理念引向分层解构设计

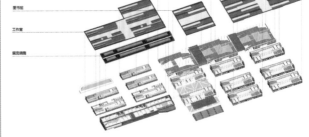

东贸库地块在保留部分原有建筑的基础上，按照原有机埋新建建筑。建筑之间由两层连廊连接，同时与地块西侧产生互动。仓库南侧向城市开放，引入人流。仓库北侧有空中连廊越过铁路及野餐公园，连接车站与地块内部。建筑功能主要包括跳蚤市集、文创工作室及餐饮商业区等，灾时可转化为物资存放区或粮储区。部分地下空间被开发，平时作为租赁仓库，灾时作为应急物资存储区。

灾时
灾害发生时的应急空间

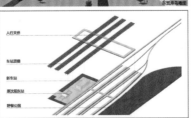

沈海 2049
健康城市视角下的工业遗址保护更新设计

目前的城市中缺乏健康设施的规划。而健康城市的设计能与工业遗址的改造产生很好的契合点。我们通过以构健健康城市概念，采用今与融合的设计理念，形成了去型创建的未来感与原有建筑的历史感，以及刺激性的减压方式及柔性的减压方式的交织中，这种缓解对比起伏起伏产生冲突，我们通过设计将它们融合在一起，并且融合了运动项目带来的身体健康、减压空间带来的心理健康及社会交往带来的社会安康，进一步融入自然、融入社区，最终实现打造健康城市的目的。

概念生成

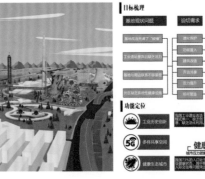

目标梳理

功能定位

规划策略

融合

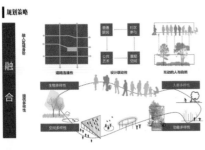

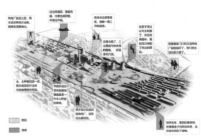

冲突

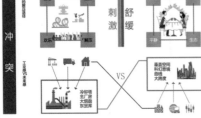

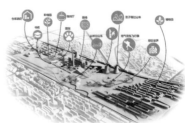

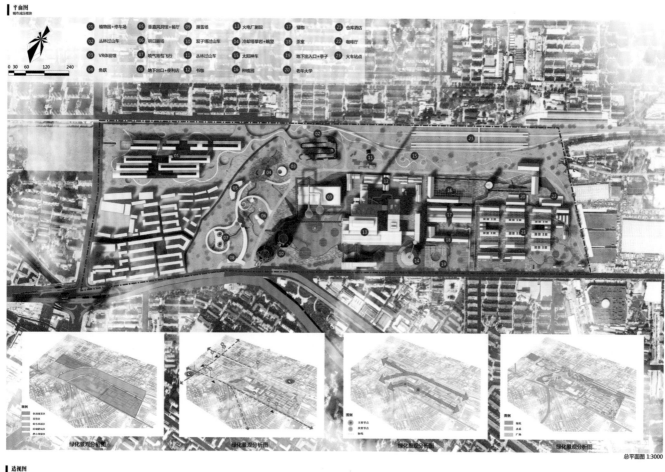

平面图				

城市减压模块

01 植物园+停车场　05 垂直风洞农+餐厅　09 滑雪场　　　13 火电厂剧院　17 猫物　　21 仓库酒店
02 丛林过山车　　06 明日剧场　　　10 双子塔过山车　14 冷却塔攀岩+雕塑　18 茶室　　22 咖啡厅
03 VR体验馆　　07 城市背有飞行　11 丛林过山车　　15 太阳神车　　19 地下出入口+亭子　火车站点
04 鱼跃　　　08 地下出口+便利店　12 书肆　　　16 种植园　　20 老年大学

0 30 60 120 240

绿化景观分析图　　绿化景观分析图　　绿化景观分析图　　绿化景观分析图

总平面图 1:3000

透视图	

融合与冲突的减压模块

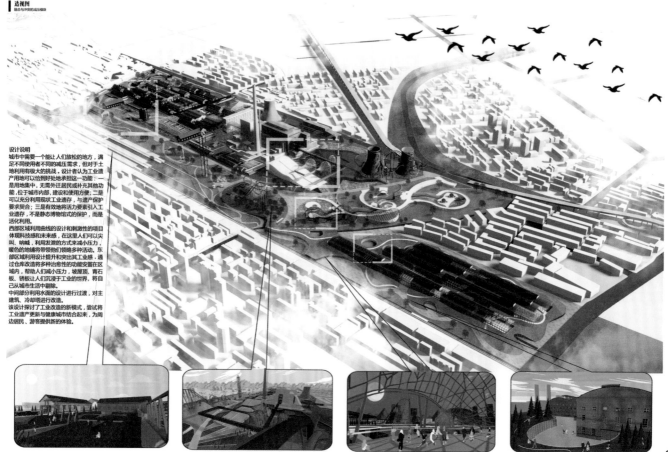

设计说明

城市中需要一个能让人们放松的地方，满足不同使用者不同的减压需求，但对于土地利用有极大的挑战。设计者认为工业遗产用地可以恰到好处地承担这一功能：一是用地集中，无需外迁居民或补充其他功能，位于城市内部，建设和使用方便；二是可以充分利用现状工业遗存，与遗产保护要求契合；三是有效地将活力要素引入工业遗存，不是静态博物馆式的保护，而是活化利用。

西部区域利用曲线的设计和刺激性的项目体现科技感和未来感。在这里人们可以尖叫、呐喊，利用发泄的方式来减小压力，暖色的地铺带领他们领略多种活动。东部区域利用设计提升和突出其工业感，通过仓库改造将多种冶愈性的功能安置在区域内，帮助人们减小压力，坡屋顶、青石板、锈钢板让人们沉浸于工业的世界，将自己从城市生活中剥离出来。

中间部分利用水面的设计进行过渡，对主建筑、冷却塔进行改造。

该设计探讨了工业改造的新模式，尝试将工业遗产更新与健康城市结合起来，为周边居民、游客提供新的体验。

节点设计
工业·融合·紧张·舒缓

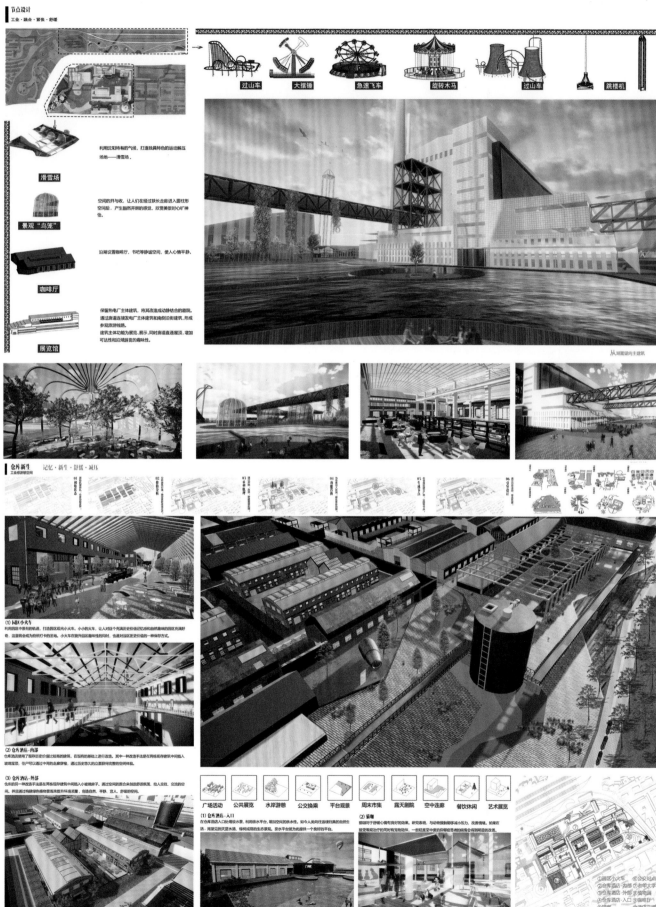

过山车　　大摆锤　　急速飞车　　旋转木马　　过山车　　跳楼机

滑雪场

利用沈阳特有的气候，打造独具特色的运动解压场地——滑雪场。

景观"鸟笼"

空间的开敞与收，让人们在经过狭长走廊进入圆柱形空间后，产生豁然开朗的感觉，欣赏美景时心矿神怡。

咖啡厅

沿湖设置咖啡厅、书吧等静谧空间，使人心情平静。

展览馆

保留热电厂主体建筑，将其改造成动静结合的剧院。通过廊道连接发电厂主体建筑和岛侧的街建筑，形成参观旅游线路。
建筑主体功能为展览、展示，同时廊道直通屋顶，增加可达性和沿湖游览的趣味性。

从湖圆望向主建筑

仓所新生
工业游憩慢空间　记忆·新生·舒缓·减压

(1) 园区小火车
利用园区中原有的轨道，打造园区观光小火车。小小的火车，让人设个充满历史价值记忆和自然趣味的园区充满舒号。这里将会成为拍照打卡的圣地，火车在发开园区趣味性的同时，也是对园区历史价值的一种保存方式。

(2) 仓所酒店-内部
仓库酒店使用了保存历史价值较高的建筑，在现有的基础上进行改造，其中一种改造手法是在两栋旧存建筑中间插入玻璃廊子。住户可以通过中间的走廊穿梭，通过历史悠久的立面获得完整的空间体验。

(3) 仓所酒店-外部
仓库的另一种改造手法是在两栋旧存建筑中间插入小玻璃廊子。通过建筑的通透会创造舒适感，给人交往、交流的空间。并且通过建筑绿色修复恢复我提升环境质量，创造自然、平静、宜人、舒缓的空间。

广场活动　公共展览　水岸游憩　公交换乘　平台观景　周末市集　露天剧院　空中连廊　餐饮休闲　艺术展览

(1) 仓所酒店-入口
在仓库西侧入口处增设水景，增加空间的亲水性，增加人流向往返来回镇的内容生活。湖望回到天蓝水澄，绿树成荫的生态景观。亲水平台就为提供一个美好的平台。

(2) 景观
望阔所开于舒缓心情有良好的效能，研究表明，与谷物接触能够减少压力、改善情绪。如果在进经营疗治行的同时将有龙物陪伴，一般轻柔室中谷物的身安健康思者群的愉悦情会悦悦明显的改善。

激活·渗透·融合

基于北京微更新改造政策的城市设计

学　　生：高滢 何君泽 高维清 王鹭 吴海龙 卓政
年　　级：2016 级
指导教师：苏毅 张忠国

09

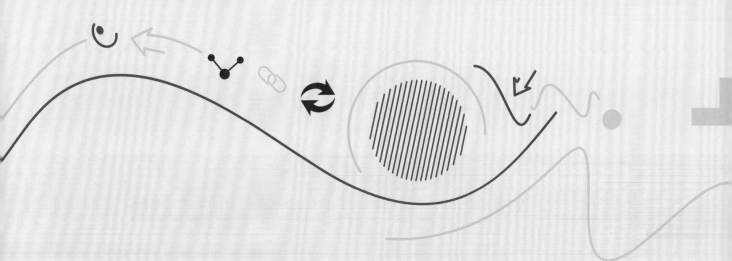

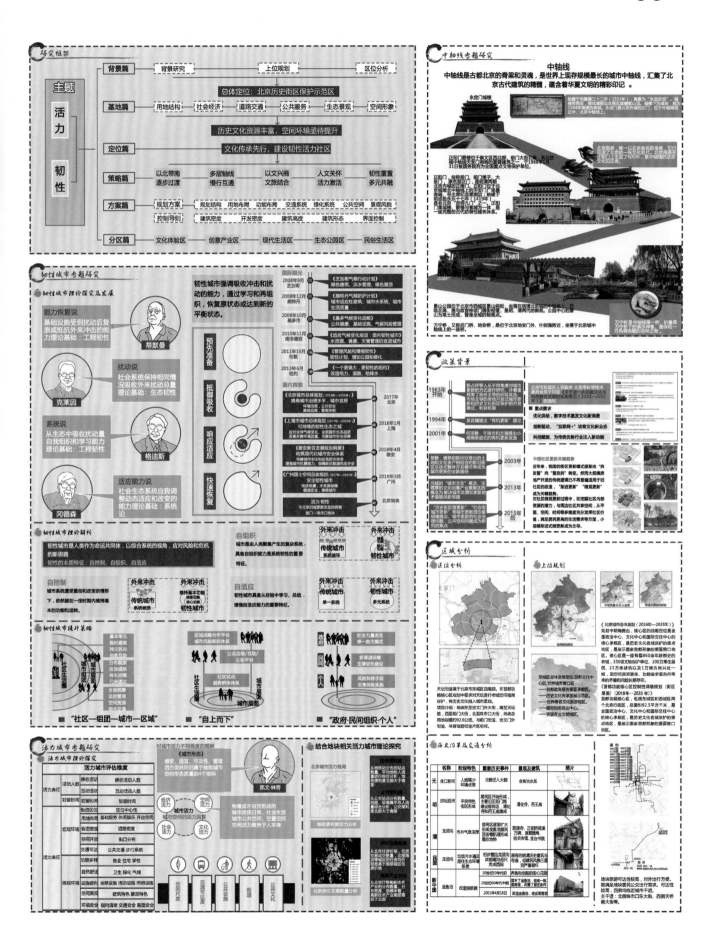

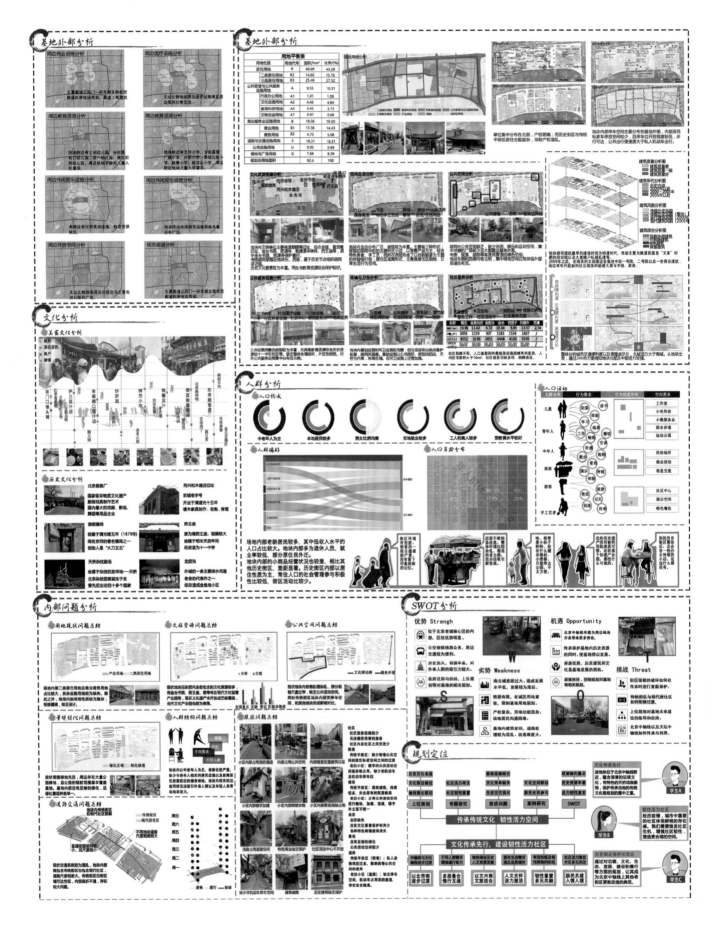

072

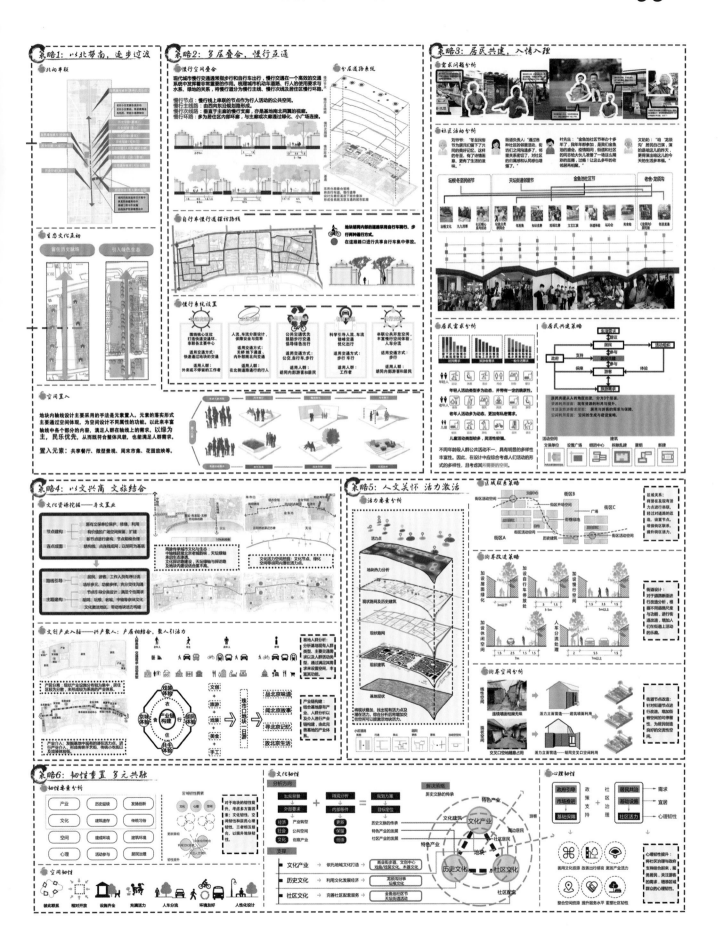

空间生成

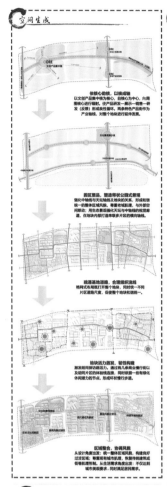

院落空间改造

四合院传统形制

有序杂院整合

无序杂院整合

生活品质提升

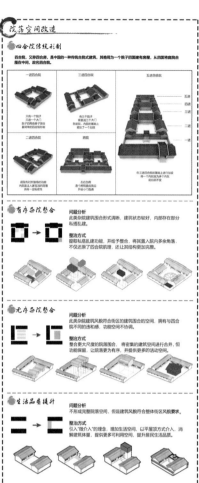

案例分析

广州永庆坊改造

北京大栅栏更新改造

青云胡同里的戏剧天地

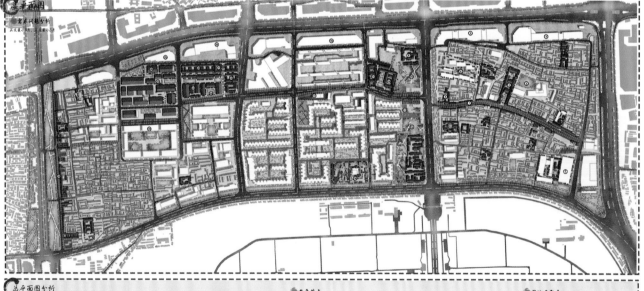

总平面图分析

设计说明

重要节点

① 元隆大厦
② 北京十一学校（东校区）
③ 药王庙
④ 丰泽园
⑤ 千叶大厦
⑥ 开放园区
⑦ 特色步行街
⑧ 慈寿寺
⑨ 艺术体验馆
⑩ 周末集市
⑪ 绿藜餐馆
⑫ 运动广场
⑬ 天坛公园
⑭ 会合书苑
⑮ 美术馆
⑯ 东城区人民医院
⑰ 木工纪念馆
⑱ 博物馆
⑲ 景观广场
⑳ 怡农会馆
㉑ 传统合院体验区
㉒ 微型消防站
㉓ 中欣银生运大厦
㉔ 天坛工商所
㉕ 文化展示平台
㉖ 酒店
㉗ 戏曲产业街

用地平衡表

用地性质	用地代号	面积/hm²	比例/(%)
居住用地	R	34.94	37.73
二类居住用地	R2	14.60	15.76
三类居住用地	R3	20.34	21.97
公共管理与公共服务设施用地	A	11.83	12.78
行政办公用地	A1	1.01	1.08
文化设施用地	A2	6.48	7.01
教育科研用地	A3	3.73	4.03
文物古迹用地	A7	0.61	0.66
商业服务业设施用地	B	18.99	20.51
商业用地	B1	13.86	14.97
商务用地	B2	5.13	5.54
道路与交通设施用地	S	13.98	15.10
公用设施用地	U	0.12	0.13
绿地与广场用地	G	12.74	13.75
规划总用地面积		92.6	100

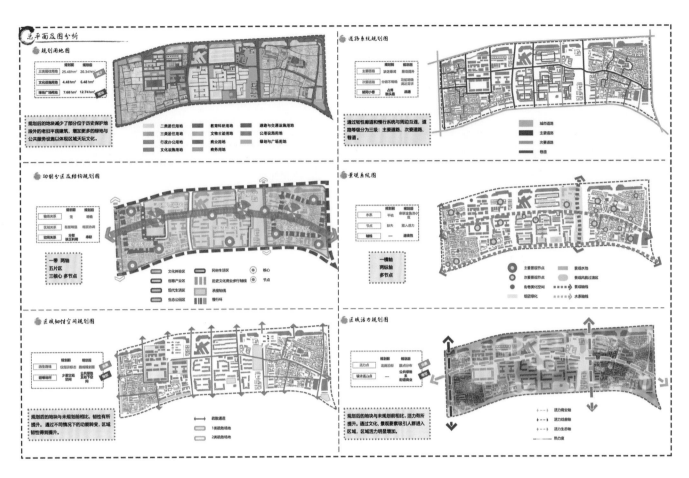

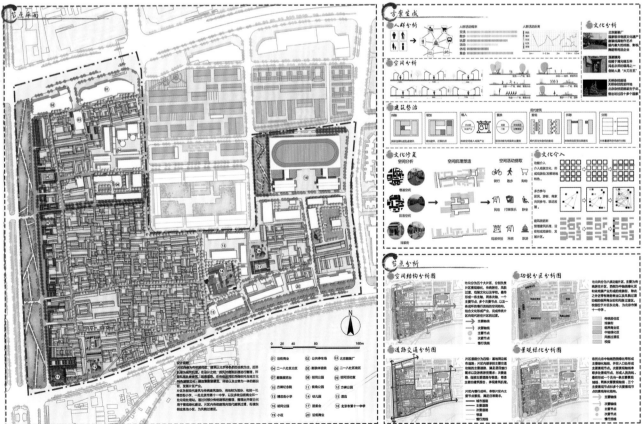

节点平面图

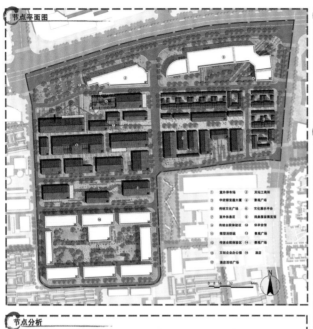

节点现状条件分析

节点分析

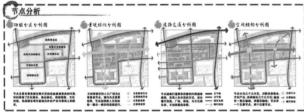

片区现状

片区设计

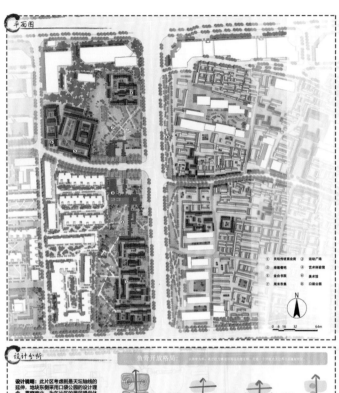

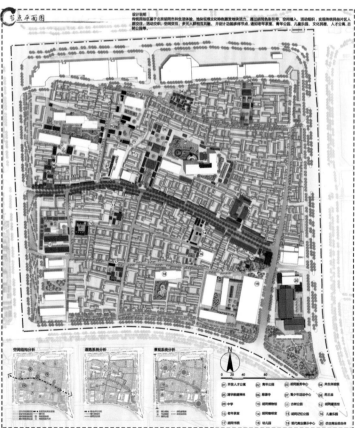

城乡有机更新设计 教学探索与实践

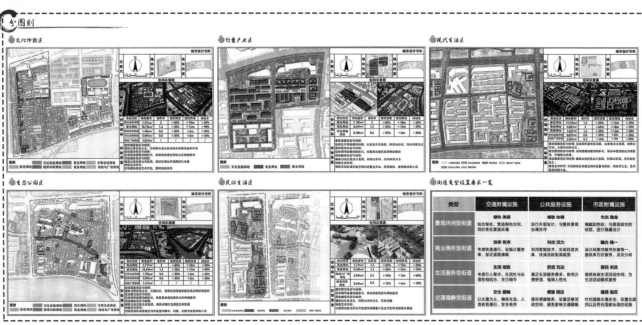

分图则

○ 文化传承区

● 创意产业区

● 现代生活区

● 生态公园区

● 民俗生活区

● 街道类型设置要求一览

类型	交通附属设施	公共服务设施	市政附属设施
景观休闲型街道	绿色 美观 结合绿化、营造绿色空间，同时美化景观环境	辅助 协调 进行外观设计，与整体氛围协调共存	生态 隐身 细腻的色彩，与景观契合的材质，进行隐藏设计
商业商务型街道	效率 有序 考虑快速通行，设施注重效率，保证通畅路	科技 活力 利用智能技术，实现信息共享，快速活跃街道氛围	融合 统一 设计风格与城市形象统一，提供多方位服务，层次分明
生活服务型街道	实用 细腻 考虑人需求，生活性与实用性相结合、关注细节	舒适 互动 满足生活者需求，使用方便舒适，强调人性化	便民 有效 提供有效生活活动空间，为生活活动提供服务
交通稳静型街道	安全 顺畅 以交通为主，确保车流、人流有效通行，安全有序	便捷 简洁 提供便捷服务，设置足够活动空间，避免影响交通通畅	通畅 规范 针对通畅交通安全，设置无遮挡以及符合国家标准的设施

立面

● 南立面

● 北立面

韧行·老山

PPP 模式下基于韧性发展理念的老旧小区有机更新城市设计

学　　生：吕虎臣　康北　裴智超
年　　级：2016 级
指导教师：荣玥芳　王婷

10

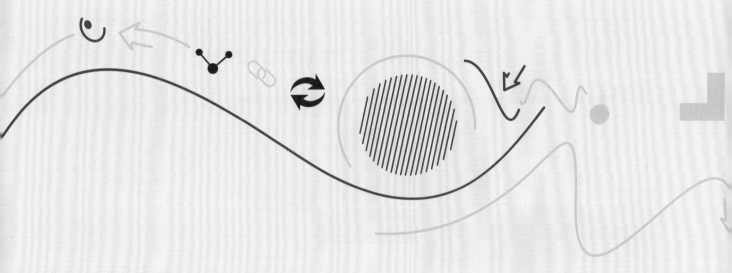

1. 现状分析

背景研究

主题研究 —— PPP模式 / 韧性

基地分析

概况&现状调查
- 地理区位　交通区位
- 周边环境　内部设施
- 居民行为活动与组织
- 居民所需的活动空间
- 现状街巷空间
- 节点空间
- 空间问题初探
- 韧性设施现状
- 活力特征分析
- 面临机遇与挑战

设计成果

点更新
- 重点建筑改造
- 节点空间营造
- 增加设施布置

线更新
- 交通流线组织
- 景观轴线塑造
- 街巷空间改造

面更新
- 社区功能完善
- 社区经济重塑
- 社区情感培养

规划背景

我国社会结构的变迁过程中，老旧小区房屋建筑以及公共设施逐渐老化、维修维护、改造更新、物业服务需求和或本不断提高，居民意见越来越大，社区管理矛盾突出。

目标
- 环境美观，具备韧性
- 满足不同人群需求
- 生机、魅力与韵味

改进策略
- 周边环境的综合考虑
- 居民活动设计
- 空间特色营造

成果
- 空间活力焕发
- 提升社区韧性

区位分析

本项目位于北京市石景山区，石景山区因"燕都第一仙山"——石景山而得名，自古就是京西历史文化重镇。区域内山地面积占23%，城市绿化覆盖率为47.09%。人均拥有公共绿地面积达73.89平方米，居北京市城区首位。

本项目位于老山街道，老山街道位于北京市石景山区东部，区域面积6.21平方千米，常住人口42606人（2020年），现有11个社区居委会。

气候分析

平均湿度　　风频　　最高温度　　最高湿度　　最低温度　　最低湿度

上位规划

北京城市总体规划(2016年—2035年)
石景山区应建设成为国家级产业转型发展示范区，绿色低碳的首都西部综合服务区，山水文化融合的生态宜居示范区。西北部地区应充分发挥智力密集优势，加强高等学校、科研院所、产业功能区的资源整合，不断优化科技创新服务环境，提升科技创新和文化创意产业发展水平。

石景山区分区规划(2017年—2035年)
石景山区是《北京城市总体规划》确定的"一主"中心城区的重要组成部分，是"四个中心"的集中承载区，是建设国际一流、和谐宜居之都的关键地区，是疏解非首都功能的主要地区。
老山社区位于长安街及其延长线上，紧邻八宝山文物集中分布区，周边文化设施多样；位于西长安街绿轴之上，北部规划为东部城市公园群，周边环境优美。

文化要素

老山故事　首钢文化　单位制社区 ▶ 社区制社区　未来
老山自行车馆　老山社区游泳池　老山文化馆　单位制社区的邻里关系

外部分析

外部道路分析图
图例：城市快速 / 城市主干 / 城市次干

外部交通分析图
图例：公交站 / 地铁站 / 停车场

周边教育设施分析图
图例：小学 / 中学 / 幼儿园

周边医疗服务设施分析图
图例：医疗服务

周边金融设施分析图
图例：邮政设施 / 储蓄设施

活力分析

老山城市休闲公园　石景山游乐园　松林公园　八宝山骨灰堂　冰雪体育中心　石景山人民政府　万达广场
图例：周边活力点 / 人流来源

周边活力分析图

周边活力类型分析表

周边活力点名称	周边活力点类型
石景山游乐园	活力点
松林公园	活力点
老山城市休闲公园	活力点
八宝山骨灰堂	活力点
冰雪体育中心	活力点
石景山人民政府	活力点
万达广场	活力区域
长安街西延长线	活力带
地铁1号线地铁站	活力点
东部城市公园群	活力区域
八宝山文物中心	活力区域
八宝山革命公墓	活力区域

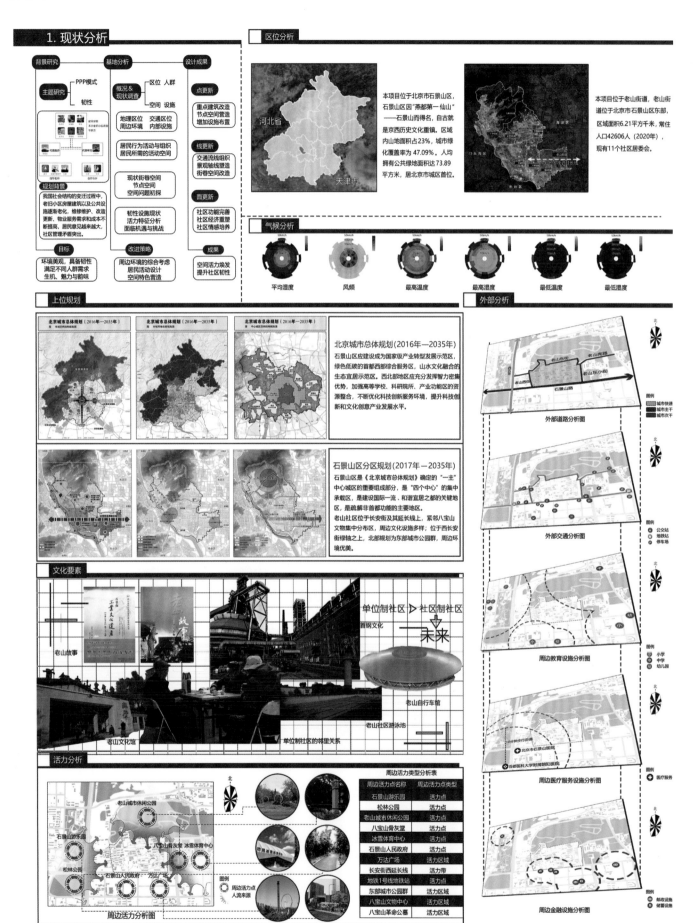

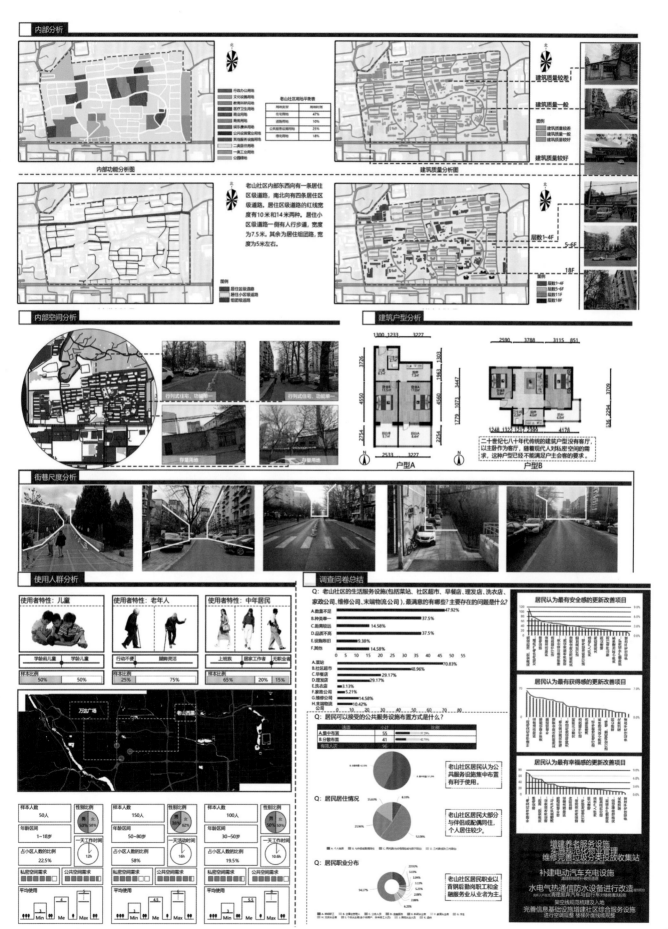

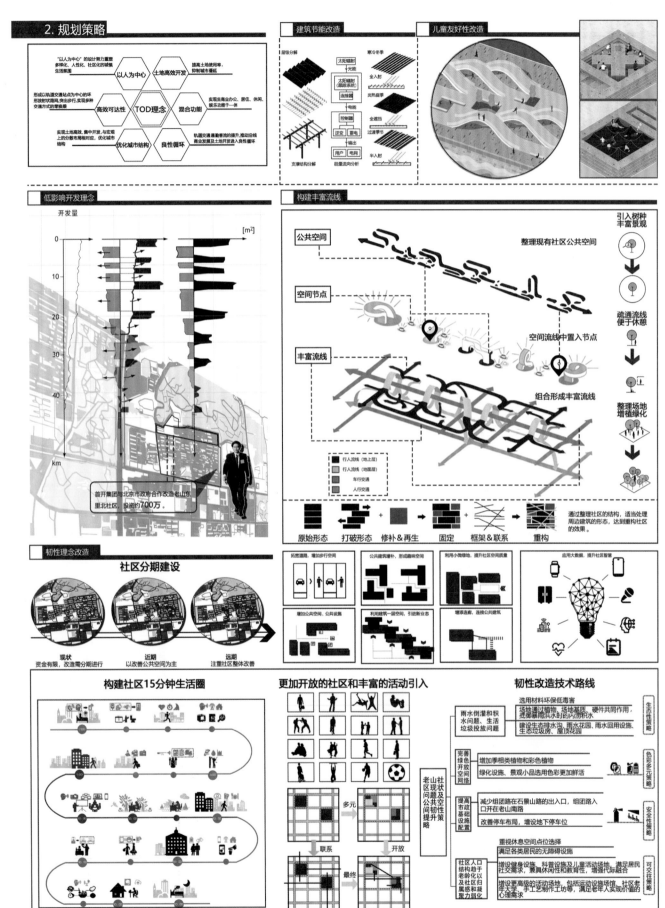

城乡有机更新设计**教学探索与实践**

3. 问题总结

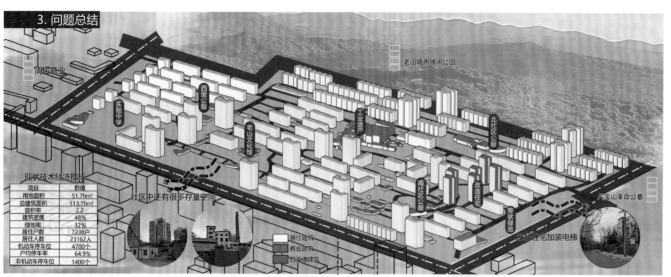

周边商业
老山城市休闲公园
西屋公服
实验中学
老山文化馆
工业遗产
北社区公服
南社区公服
改造住宅
带状绿地
八宝山革命公墓
社区中还有很多存量空间
既有住宅加装电梯

现状技术经济指标

项目	数值
用地面积	51.7hm²
总建筑面积	113.7hm²
容积率	2.2
建筑密度	48%
绿地率	32%
居住户数	7238户
居住人口	23162人
机动车停车位	4700个
户均停车率	64.9%
非机动车停车位	1400个

居住建筑
商业建筑
已改造建筑

文化视角

发展视角

富文化人余
丰化人韵

区位优势政府支持

 【社区活力衰退】社区活力的消失，使得老山文化在居民活动中难以为继。

 【公共设施老化】社区内的公共设施更新缓慢，出现很多问题，如停车位不足、架空缆线混乱、服务设施老化等。

 【景观界面淡化】小区内景观需要升级改造，与北部老山城市休闲公园联系不够。

 【文化活动匮乏】缺乏文化活动安排，居民生活乏味。

 我在老山社区已经生活20年了，很喜欢这里的氛围，但是我们的住宅老化比较严重了，使用实在不便，还有一些服务设施，看出来是想给我们使用的，但，唉，确实不是很好用，希望居委会可以改造改造这些设施吧！

我也蛮愿意给现在的年轻人讲讲以前首钢老职工的故事，可是现在老山文化馆也关闭了，社区内的首钢文化也变淡了，小区中间的几座厂房也废弃了。希望你们能好好研究研究首钢的历史，让小区重拾文化底蕴，社区文化也是要和人一样代代相传的啊。

4. 总平面图

N

总平面图

技术经济指标

总用地面积	51.7hm²	居住面积	20.68hm²	拆改率	12%
总建筑面积	115.8hm²	商业面积	2.7hm²	人口	28950人
建筑密度	48%	服务设施面积	4.0hm²	户数	7620户
容积率	2.2	文化设施面积	2.0hm²		
绿地率	35%	规划停车位	5500个		

老山东里社区

5. 鸟瞰图

老山智创园2期

老山文化馆

老山智创园1期

老山休闲运动中心

6. 内部分析

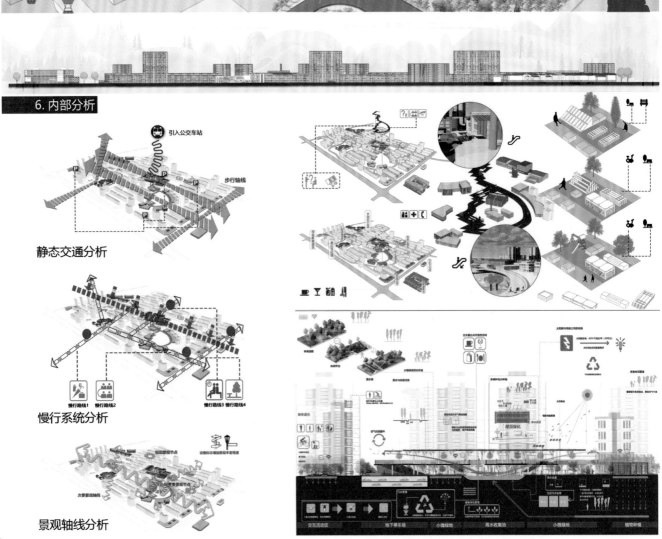

引入公交车站

步行轴线

静态交通分析

慢行路线1　慢行路线2　　慢行路线3　慢行路线4

慢行系统分析

次要景观轴线

景观轴线分析

交互活动区　　地下停车场　　小微绿地　　雨水收集池　　小微绿地　　植物种植

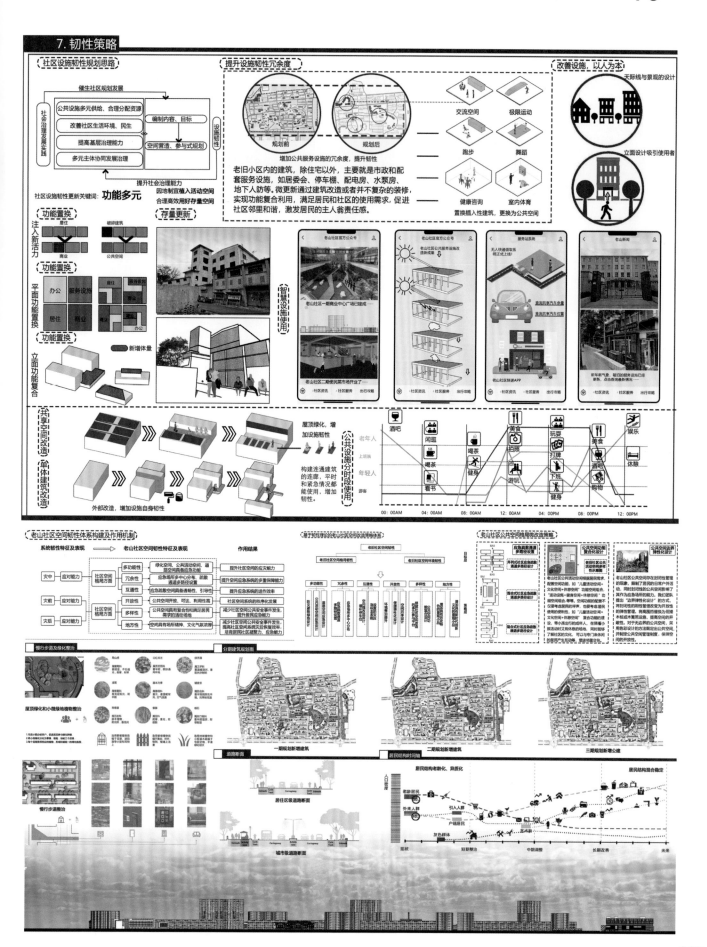

8.场景节点

生态技术的运用

太阳能的利用

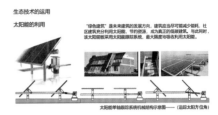

"绿色建筑"是未来建筑的发展方向,建筑应当尽可能减少能耗,节约的资源,成为真正的低碳建筑。与此同时,该太阳能板采用太阳能跟踪系统,最大限度地吸收利用太阳能。

太阳能单轴跟踪系统机械结构示意图——(追踪太阳方位角)

自动遮阳百叶

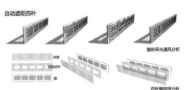

窗的采光通风分析

百叶窗构造分析

高层百叶窗采用由网罩、自动百叶、窗框构成的自动遮阳百叶系统,保证了室内环境的舒适。其原理为:当网罩固定不动,网罩的孔保证了室内的通风,百叶采用全自动集手动系统,可以根据太阳方位角上下升降,也可以为人升降控制,使室内采光达到最佳。同时3层结构设计增加了室内的光影变化。

隔热玻璃系统

冬季通风窗口关闭,室内蓄积热量,达到保温目的;夏季通风窗口打开,风带走热量,达到降温目的。

动能电能转化系统

发电原理:通过区压方式将动能转化为电能,并通过电线线路将能量输送到室内。

发电装置结构示意图

PPP模式应用

责任方 —— 集成方:投资、连接、生产 —— 需求方

平台方

引导 支持 规制 | 信息平台 服务供给 产品销售 | 消费 使用

政府 — 合作链 — 市场 — 递送链 — 居民

社区

PPP模式在老旧小区改造中的应用

基于福利多元主义理论,在城市社区居家养老中引入PPP模式,形成公私部门共同投资、共同管理、利益共享、风险共担的养老服务模式,融合居家养老与社区养老,以期缓解养老服务的供需矛盾,构建完善的社区养老体系。

PPP模式运作方式

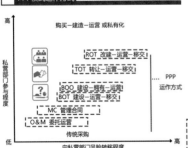

PPP模式相关解释

《政府投资条例》 《国家发展改革委关于依法依规加强PPP项目投资和建设管理的通知》 《国务院办公厅关于推进养老服务发展的意见》

五方联动工作平台
区委办局、街道办事处、居委会、社会单位、居民代表 五方联动

完整社区理论

健康城区 健康社区 健康家居

PPP模式根据完整社区理论提出的评价标准

健康 HEALTH 六要素

石景山区老山小区有机更新创新示范规划设计内容

序号	项目	规划范围	具体事项	金额
1	老山街道西片区街区更新规划研究	上庄大街以西范围,3平方千米	西片区整体更新项层设计	130万
			西片区整体更新目标	
			西片区更新单元划分	
			公共服务设施专项规划	
			绿色生态系统专项规划	
			西片区更新行动计划	
2	老山街道老山小区整体更新规划方案	老山小区范围,0.6平方千米	老山小区街区画像	150万
			老山小区街区评估	
			老山小区更新目标定位	
			老山小区更新策略	
			老山小区更新项目包	
3	老山小区停车现状及老山东里北社区停车专项设计	老山小区范围,0.5平方千米	老山小区停车普查	142.5万
			老山东里北社区停车设计方案	
4	老山小区低效空间闲置资源利用专项规划	老山小区范围,0.6平方千米	老山小区低效空间盘点	60万
			老山小区低效公共空间利用策略	
5	石景山区老山小区有机更新创新示范机制研究	—	老山小区老旧社区机制创新研究	50万
			老山小区老旧社区更新模式推广总结	
6	"开放空间"与公众参与行动	活动次数,10次	活动次数	20万
	合计			552.5万

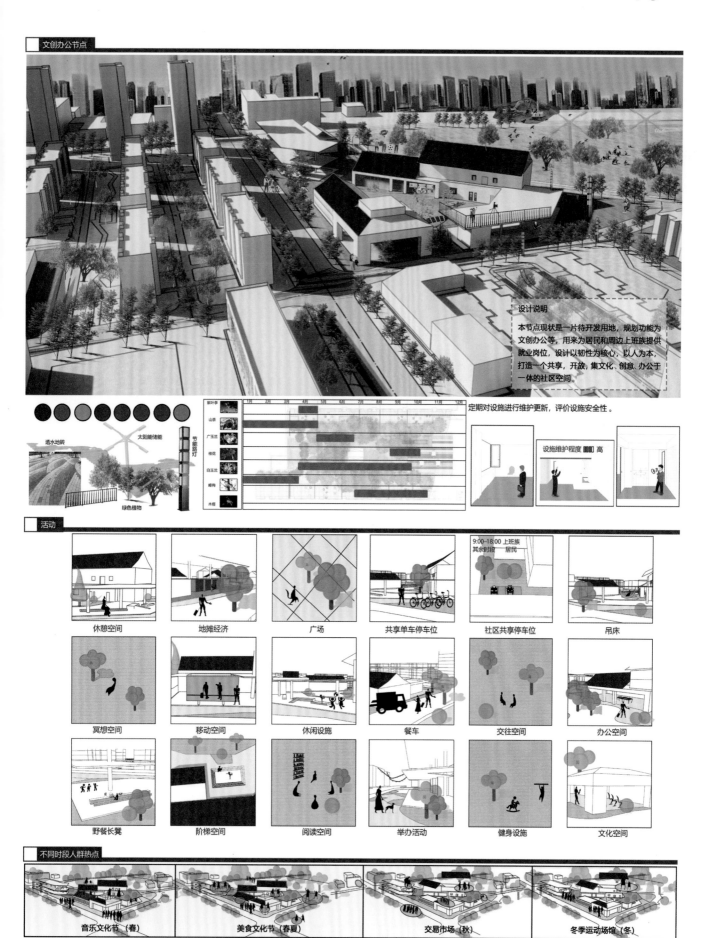

设计说明

本节点现状是一片待开发用地，规划功能为文创办公等，用来为居民和周边上班族提供就业岗位，设计以韧性为核心，以人为本，打造一个共享、开放、集文化、创意、办公于一体的社区空间。

定期对设施进行维护更新，评价设施安全性。

设施维护程度 高

文创办公节点

透水地砖　太阳能储能　节能路灯　绿色植物

活动

9:00-18:00 上班族　其余时段 居民

休憩空间　地摊经济　广场　共享单车停车位　社区共享停车位　吊床

冥想空间　移动空间　休闲设施　餐车　交往空间　办公空间

野餐长凳　阶梯空间　阅读空间　举办活动　健身设施　文化空间

不同时段人群热点

音乐文化节（春）　美食文化节（春夏）　交易市场（秋）　冬季运动场馆（冬）

高铁公园·众创社区

丰台火车站及周边地区更新改造城市设计

学　　生：王祎　张朋晖　李佳萱
年　　级：2016 级
指导教师：陈志端

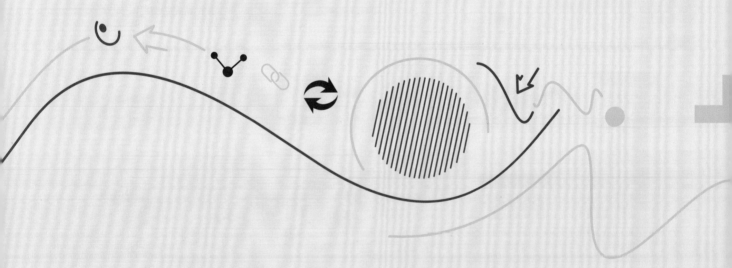

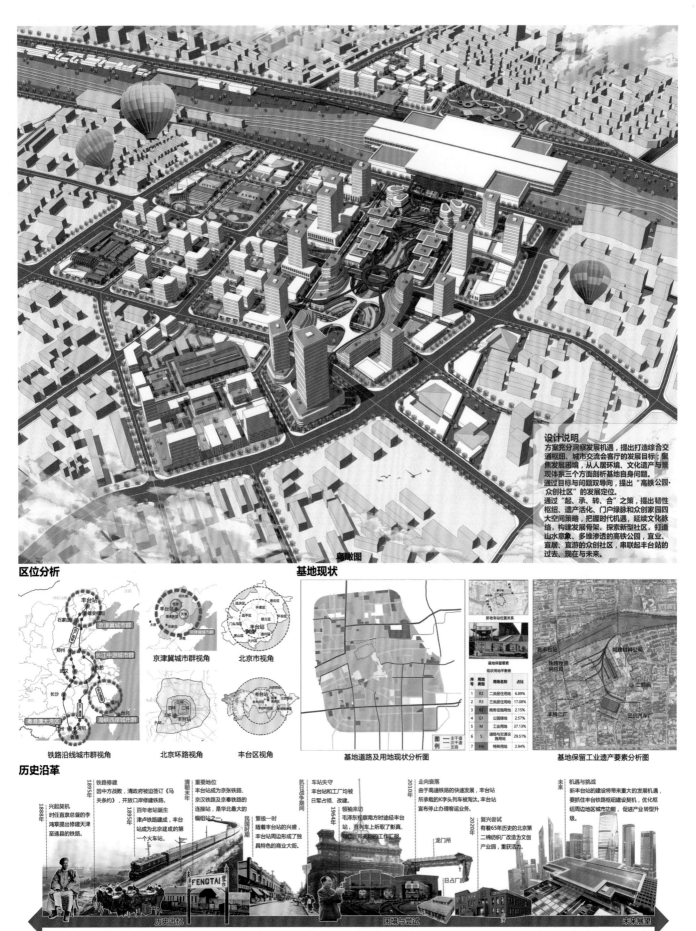

设计说明

方案充分洞察发展机遇，提出打造综合交通枢纽、城市交流会客厅的发展目标；聚焦发展困境，从人居环境、文化遗产与景观体系三个方面剖析基地自身问题。
通过目标与问题双导向，提出"高铁公园·众创社区"的发展定位。
通过"起、承、转、合"之策，提出韧性枢纽、遗产活化、门户绿脉和众创家园四大空间策略，把握时代机遇，延续文化脉络，构建发展骨架，探索新型社区，打造山水意象、多维渗透的高铁公园，宜业、宜居、宜游的众创社区，串联起丰台站的过去、现在与未来。

鸟瞰图

区位分析

铁路沿线城市群视角　　　　京津冀城市群视角　　　北京市视角

北京环路视角　　　丰台区视角

基地现状

图例　基地道路及用地现状分析图

基地保留工业遗产要素分析图

历史沿革

历史追忆　　　　　　　困境与尝试　　　　　　　未来展望

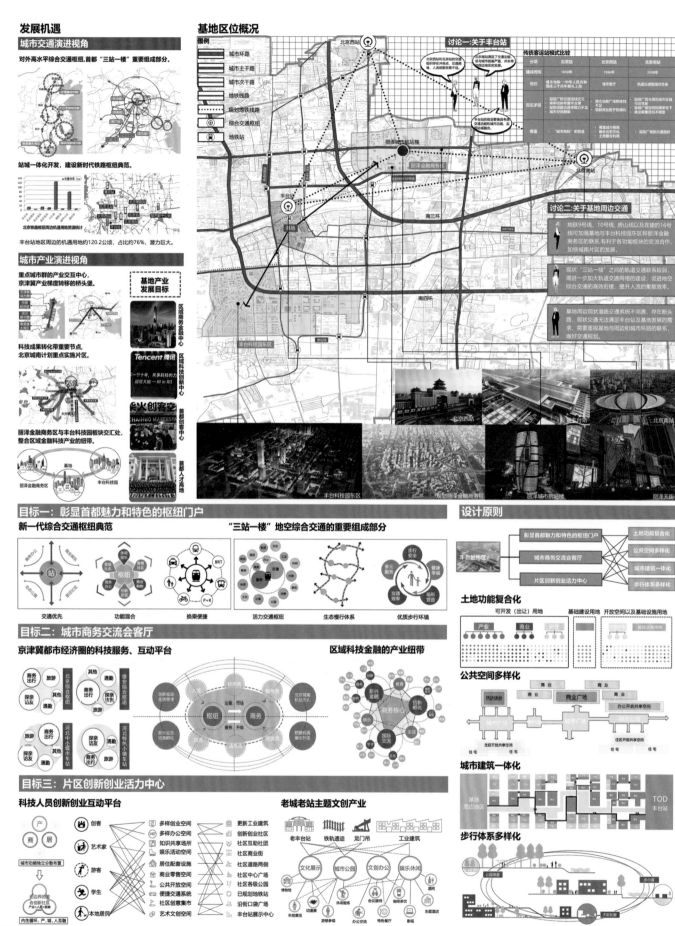

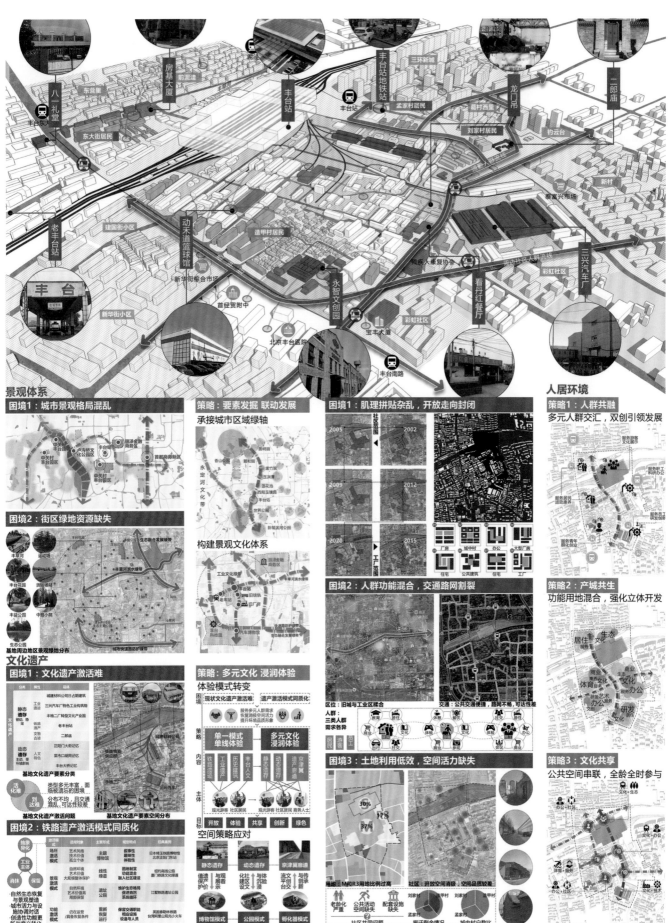

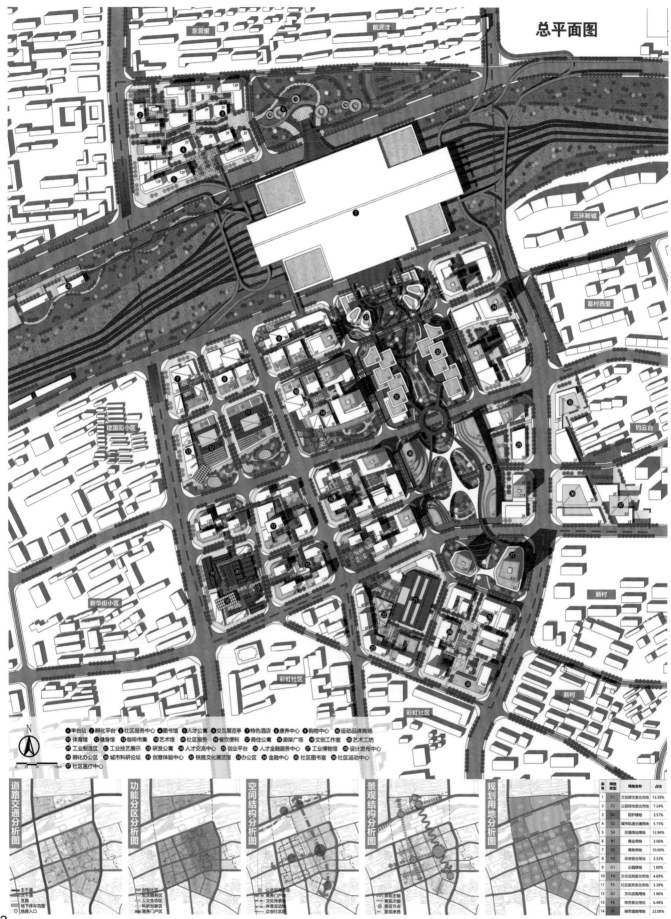

总平面图

图例：
①丰台站 ②孵化平台 ③社区服务中心 ④图书馆 ⑤人才公寓 ⑥交互展览亭 ⑦特色酒店 ⑧康养中心 ⑨购物中心 ⑩运动品牌商场
⑪体育馆 ⑫健身馆 ⑬咖啡市集 ⑭艺术馆 ⑮社区服务 ⑯餐饮便利 ⑰商住公寓 ⑱膨架广场 ⑲文创工作室 ⑳艺术工坊
㉑工业制造区 ㉒工业技艺展示 ㉓研发公寓 ㉔人才交流中心 ㉕创业平台 ㉖人才金融服务中心 ㉗工业博物馆 ㉘设计发布中心
㉙孵化办公区 ㉚城市科研论坛 ㉛创意体验中心 ㉜铁路文化展览馆 ㉝办公区 ㉞金融中心 ㉟社区图书室 ㊱社区运动中心
㊲社区医疗中心

道路交通分析图　功能分区分析图　空间结构分析图　景观结构分析图　规划用地分析图

序号	用地类型	用地名称	占比
1	F1	文化混住复合用地	13.59%
2	F2	公园绿地复合用地	7.24%
3	G2	防护绿地	3.57%
4	S2	城市轨道交通用地	5.15%
5	S4	交通场站用地	12.96%
6	B1	商业用地	3.06%
7	B2	商务用地	10.60%
8	F8	体育设施用地	3.53%
9	G1	公园绿地	1.80%
10	F4	文化设施复合用地	4.69%
11	F5	社区服务复合用地	3.39%
12	A2	文化设施用地	1.86%
13	F6	商务复合用地	6.48%
14	S1	城市道路用地	22.08%

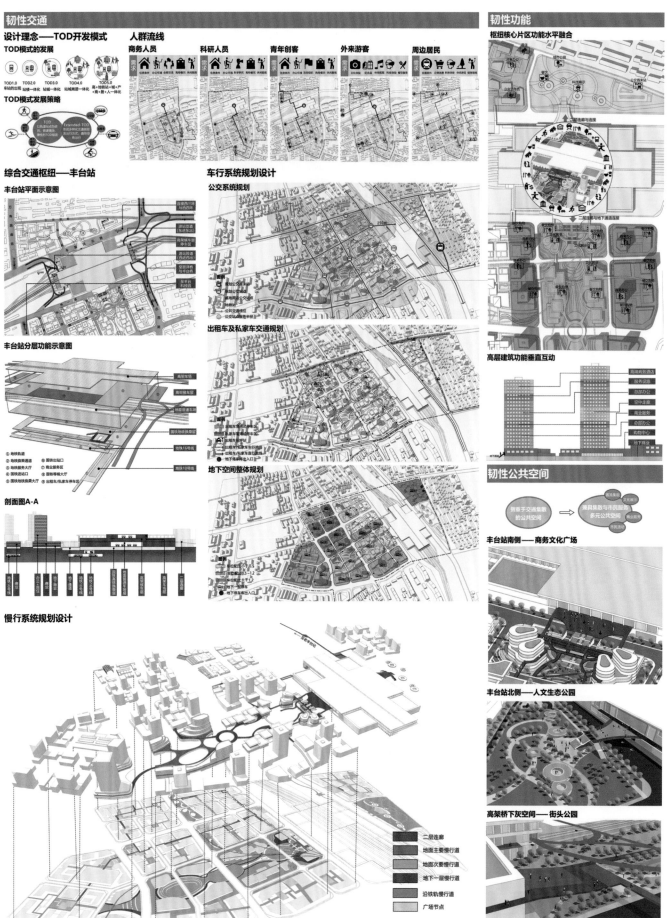

韧性交通

设计理念——TOD开发模式
TOD模式的发展

TOD1.0 TOD2.0 TOD3.0 TOD4.0 TOD5.0
车场的出现 站城一体化 站城一体化 站城一体化 站城商居一体化
高+物慢联站+城+产 高+居+人一体化

TOD模式发展策略

综合交通枢纽——丰台站

丰台站平面示意图

丰台站分层功能示意图

① 地铁轨道
② 地铁换乘通道
③ 地铁服务大厅
④ 国铁进站大厅
⑤ 国铁地铁换乘大厅
⑥ 高架车场
⑦ 高架候车层
⑧ 地面普速车场
⑨ 国铁出站口
⑩ 商业服务区
⑪ 国铁候车大厅
⑫ 国铁地铁换乘层
⑬ 地铁16号线
⑭ 国铁换乘/私家车停车区
⑮ 地铁10号线

剖面图A-A

慢行系统规划设计

人群流线

| 商务人员 | 科研人员 | 青年创客 | 外来游客 | 周边居民 |

车行系统规划设计

公交系统规划

出租车及私家车交通规划

地下空间整体规划

韧性功能

枢纽核心片区功能水平融合

高层建筑功能垂直互动

高端商务酒店
服务设施
总部办公
空中庭院
商业服务
总部办公
购物中心
地下商业

韧性公共空间

侧重于交通集散的公共空间 ⟹ 兼具集散与市民服务的多元公共空间

丰台站南侧——商务文化广场

丰台站北侧——人文生态公园

高架桥下灰空间——街头公园

图例
- 二层连廊
- 地面主要慢行道
- 地面次要慢行道
- 地下一层慢行道
- 沿铁轨慢行道
- 广场节点

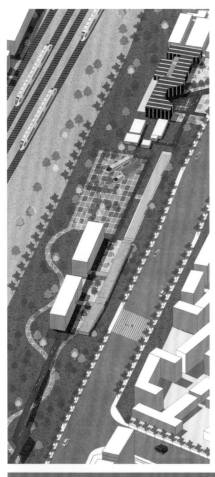

设计策略1
新老车站联动，促进文化共享共生

铁轨遗存　文化展示+体验　特色建筑
文化展示　文化展示+体验　文化传承
丰台　站房旧址
沿河眺望、沿街学生、沿河游客、沿河晨工
文化体验　文化科普　文化展示　文化创造
机械技术

活化策略

文化遗产策略研究

静态遗存	现状问题	解决方式	空间策略	功能布局
现状问题	文化遗产展示难	可观看	博物馆模式	铁路文化博物馆 丰台人文展览
到达难 活化难	文化遗产体验难	可感受	公园模式	景观游憩、特色活动 配套服务、教育宣传
动态遗存	文化遗产传承难	可创造	孵化器模式	高端科研中心 创新创业企业

文化遗产空间策略

尊重历史，新老车站联动发展　　面向未来，文化传承共享共生

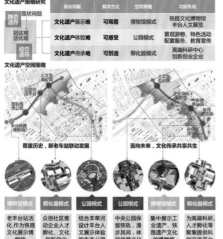

博物馆模式　孵化器模式　公园模式　公园模式　博物馆模式　孵化器模式

老丰台站活化，作为铁路文化展示博物馆
众创社区激活企业人才孵化，文化创新创业
结合丰草河人文展示体验的生态公园
中央公园绿道步道其间，体验铁路文化
集中展示工业遗产文化铁路文化的博物馆
为高端科研、人才孵化等聚集提供科创交流平台

设计策略2
利用废旧铁轨，形成公园景观体系

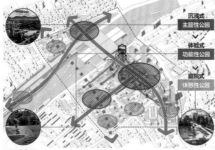

沉浸式 主题性公园
体验式 功能性公园
庭院式 休憩性公园

活化过程

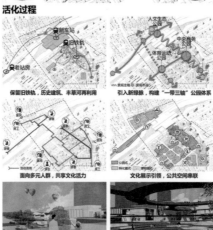

保留旧铁轨，历史建筑、丰草河再利用　　引入新绿脉，构建"一带三轴"公园体系

面向多元人群，共享文化活力　　文化展示引领，公共空间串联

地上视点　　地下视点

设计策略3
功能业态植入，塑造多元空间体验

人文生态公园　众创活动园　中央商务公园　体育运动公园　工业展示园　科创交流园　老站记忆园　文创体验园

活化效果

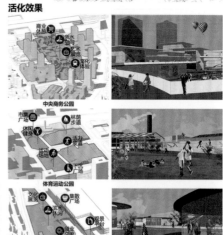

中央商务公园

体育运动公园

人文生态公园

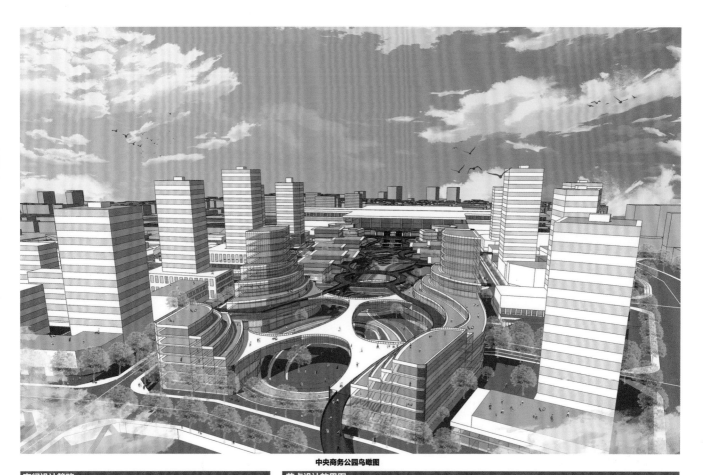

中央商务公园鸟瞰图

空间设计策略

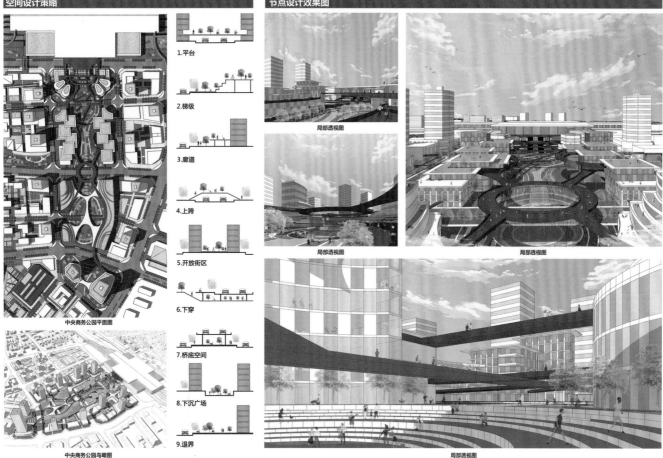

中央商务公园平面图

中央商务公园鸟瞰图

1.平台

2.梯级

3.廊道

4.上跨

5.开放街区

6.下穿

7.桥底空间

8.下沉广场

9.退界

节点设计效果图

局部透视图

局部透视图

局部透视图

局部透视图

众创定位

业态策划

设计策略

构建职住一体的众创空间，促进人才创新创业

Step1:向城市开放的道路系统　　Step3:功能混合的办公组团

开放式办公空间　协作交流空间　半开放共享空间

Step2:半围合式建筑布局

引入屋顶绿地，丰富空间层次

办公组团活动中心　　科技展示交流中心

打造体育主题的多元服务，全年龄段的健康活力圈

Step1:植入多元功能　　Step3:设计主要节点

市集广场

Step2:形成 D：H＝1：1 的街巷空间

A-底层架空，建筑穿插

B-室内外空间变化，游与憩相结合

青年活动广场　　商业街道

工业建筑更新改造

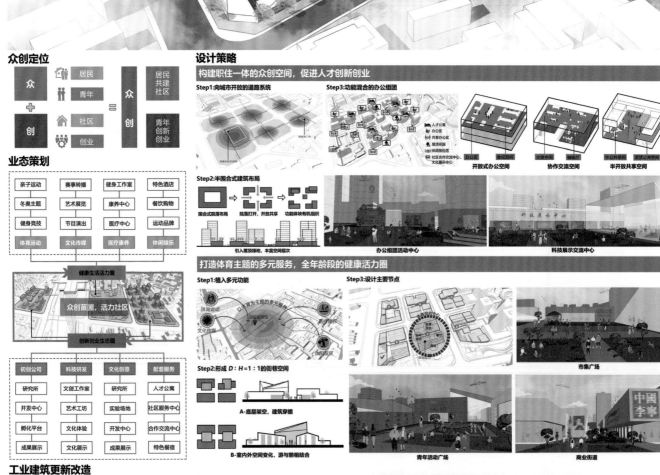

12

站南计划，市井聚拢人烟

济南站南广场及商埠区东北地段城市设计

学　　生：刘德瑜 陈旖媛 高歌
年　　级：2016 级
指导教师：石炀

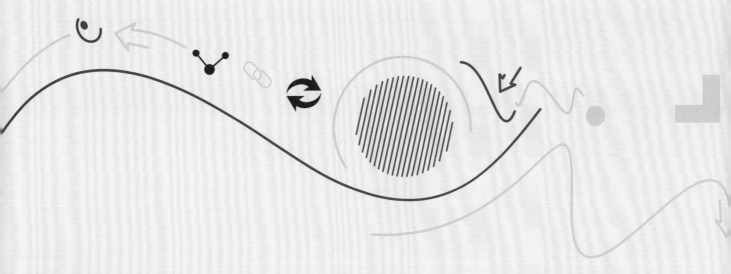

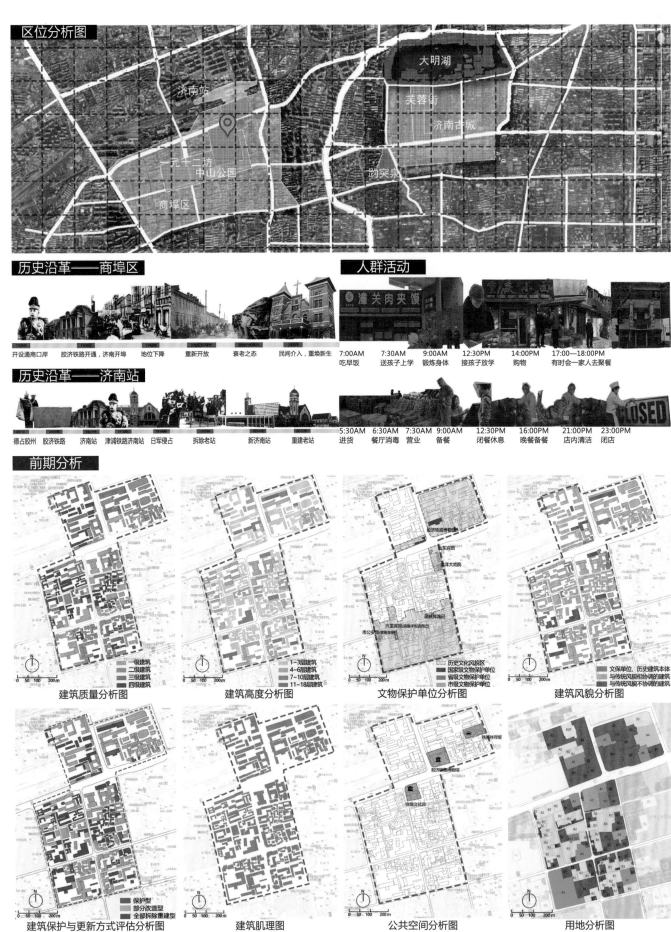

区位分析图

大明湖

济南站

芙蓉街

济南古城

元十二坊
中山公园

趵突泉

商埠区

历史沿革——商埠区

1905年	1906年	1948年	20世纪50年代	20世纪90年代	2000年
开设通商口岸	胶济铁路开通，济南开埠	地位下降	重新开放	衰老之态	民间介入，重焕新生

人群活动

7:00AM	7:30AM	9:00AM	12:30PM	14:00PM	17:00~18:00PM
吃早饭	送孩子上学	锻炼身体	接孩子放学	购物	有时会一家人去聚餐

历史沿革——济南站

1897年	1899年		1914年			
德占胶州	胶济铁路	济南站	津浦铁路济南站	日军侵占	拆除老站	新济南站	重建老站

5:30AM	6:30AM	7:30AM	9:00AM	12:30PM	16:00PM	21:00PM	23:00PM
进货	餐厅消毒	营业	备餐	闭餐休息	晚餐备餐	店内清洁	闭店

前期分析

建筑质量分析图
一级建筑 / 二级建筑 / 三级建筑 / 四级建筑

建筑高度分析图
1~3层建筑 / 4~6层建筑 / 7~10层建筑 / 11~18层建筑

文物保护单位分析图
历史文化风貌区 / 国家级文物保护单位 / 省级文物保护单位 / 市级文物保护单位

建筑风貌分析图
文保单位、历史建筑本体 / 与传统风貌相协调的建筑 / 与传统风貌不协调的建筑

建筑保护与更新方式评估分析图
保护型 / 部分改造型 / 全部拆除重建型

建筑肌理图

公共空间分析图

用地分析图

问题分析

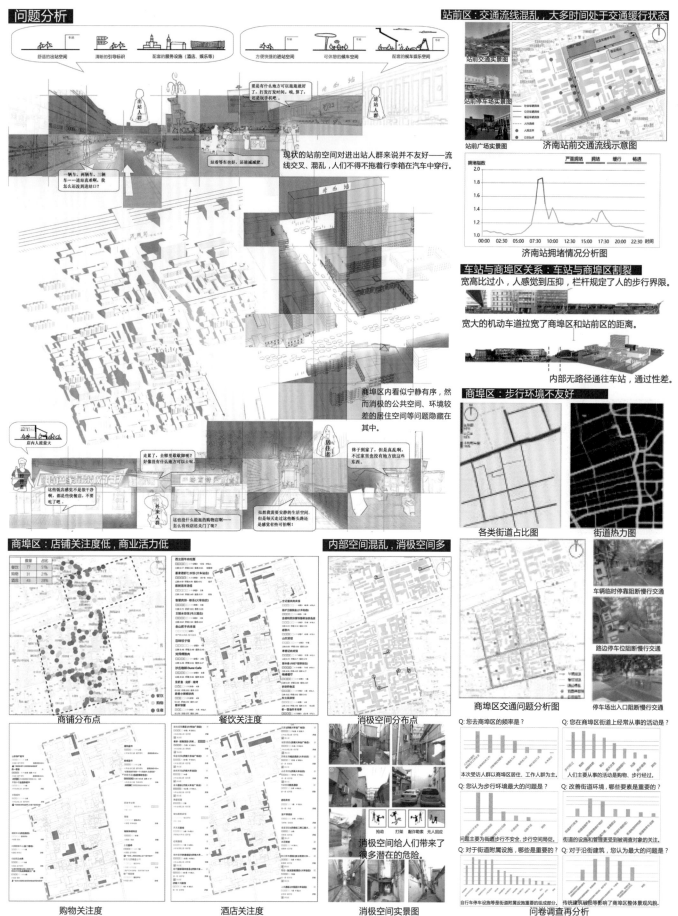

站前区：交通流线混乱，大多时间处于交通缓行状态

站前交通实景图

站前停车场实景图

站前广场实景图

济南站前交通流线示意图

济南站拥堵情况分析图

车站与商埠区关系：车站与商埠区割裂

宽高比过小，人感觉到压抑，栏杆规定了人的步行界限。

宽大的机动车道拉宽了商埠区和站前区的距离。

内部无路径通往车站，通过性差。

商埠区：步行环境不友好

各类街道占比图

街道热力图

车辆临时停靠阻断慢行交通

路边停车位阻断慢行交通

商埠区交通问题分析图

停车场出入口阻断慢行交通

现状的站前空间对进出站人群来说并不友好——流线交叉、混乱，人们不得不拖着行李箱在汽车中穿行。

商埠区内看似宁静有序，然而消极的公共空间、环境较差的居住空间等问题隐藏在其中。

商埠区：店铺关注度低，商业活力低

商铺分布点

餐饮关注度

内部空间混乱，消极空间多

消极空间分布点

消极空间给人们带来了很多潜在的危险。

Q：您去商埠区的频率是？

Q：您在商埠区街道上经常从事的活动是？

本次受访人群以商埠区居住、工作人群为主。

人们主要从事的活动是购物、步行经过。

Q：您认为步行环境最大的问题是？

Q：改善街道环境，哪些要素是重要的？

问题主要为街道步行不安全、步行空间局促。

街道的设施和管理更受被调查对象的关注。

Q：对于街道附属设施，哪些是重要的？

Q：对于沿街建筑，您认为最大的问题是？

自行车停车设施等是街道附属设施的重要的组成部分。

传统建筑破损影响了商埠区整体景观风貌。

购物关注度

酒店关注度

消极空间实景图

问卷调查再分析

策略分析

策略一：扩大集散区域

接送客流线分离分析图

人车流线分析图

增补路径分析图

策略二：激发南部活力

历史建筑分布图

商业设施更新分析图

绿地景观分析图

大尺度分析

热力高区域
热力低区域

活力影响分析图

一级热力点
二级热力点
三级热力点

主干路
次干路
车流量大道路

主干路
次干路
车流量大道路

交通影响分析图

理念思考

火车站与周边城市的关系

北京南站　北京西站　北京站　太原站

郑州站　石家庄站　武汉站

主站房 广场 城市
空间特点

哈尔滨站　西安站

主站房 广场 城市
空间特点

小热力点
火车站热力热点

热力圈特征

热力圈特征

什么样的城市是美的？

旧与密
如城中村，在混乱中夹杂着秩序

新与疏
如郊区新城的建筑排列

总平面图

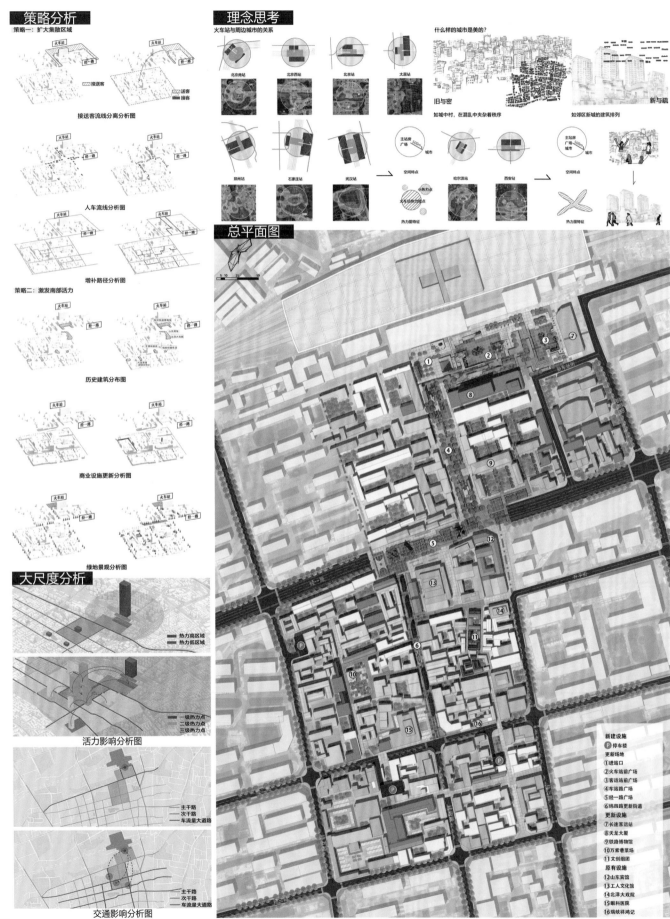

新建设施
- Ⓟ 停车楼

更新场地
- ① 进站口
- ② 火车站前广场
- ③ 客运站前广场
- ④ 车站路广场
- ⑤ 统一路广场
- ⑥ 枣四四片区更新街道

更新设施
- ⑦ 长途客运站
- ⑧ 天龙大厦
- ⑨ 铁路博物馆
- ⑩ 万紫巷菜场
- ⑪ 文创组团

原有设施
- ⑫ 山东宾馆
- ⑬ 工人文化宫
- ⑭ 北大戏院
- ⑮ 眼科医院
- ⑯ 瑞蚨祥鸿记

基地规划分析

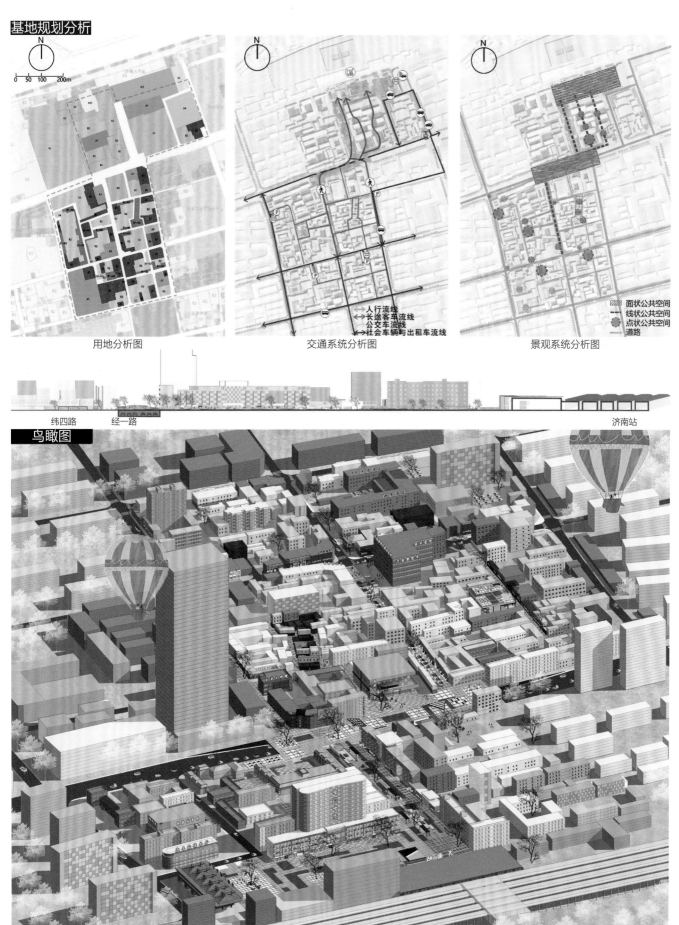

N
0 50 100 200m

用地分析图

N

人行流线
长途客车流线
公交车流线
社会车辆与出租车流线

交通系统分析图

N

面状公共空间
线状公共空间
点状公共空间
道路

景观系统分析图

纬四路　经一路　　　　　　　　　　　　　　　　　　　　　济南站

鸟瞰图

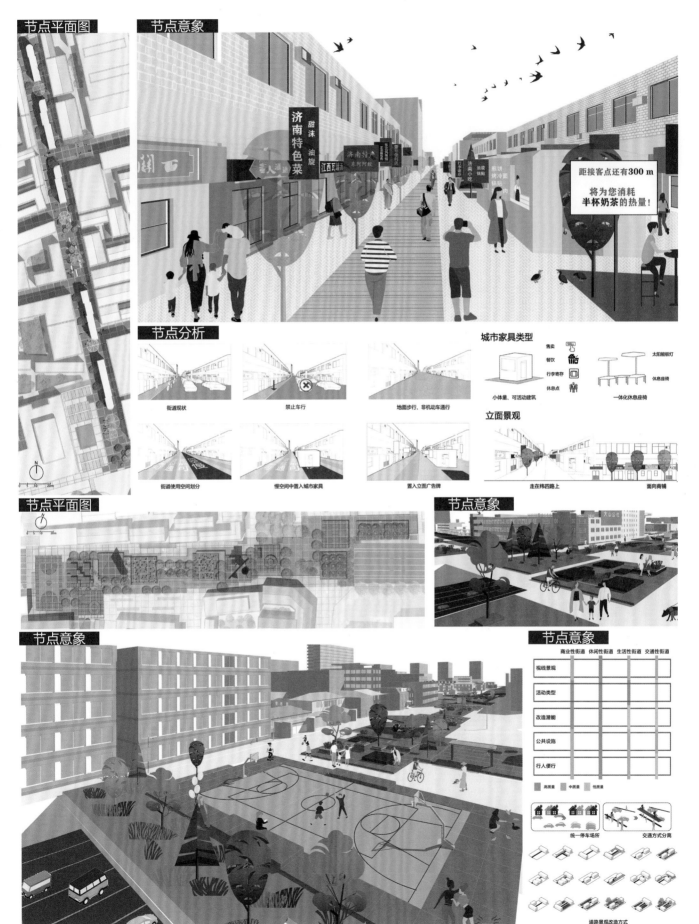

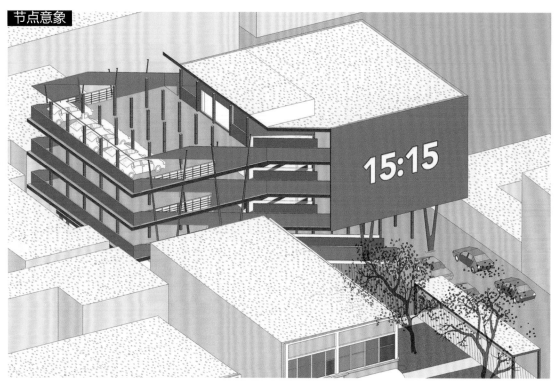

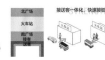

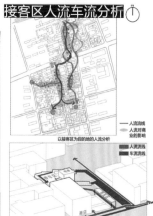

接客分析

车站名称	太原站	沈阳站
车站等级	特等站	特等站
建筑面积	138207 m²	121100 m²
接客区面积	6700 m²	/
日均人流量（最高峰）	约4万人次	约4万人次
停车位	498个	1300个(待建)
车站名称	青岛站	哈尔滨西站
车站等级	特等站	特等站
建筑面积	54277 m²	70000 m²
接客区面积	/	/
日均人流量（最高峰）	约5万人次	约5万人次
停车位	600个	1310个
车站名称	济南站（现状）	济南站（规划）
车站等级	特等站	特等站
建筑面积	120000 m²	120000 m²
接客区面积	1600 m²	1800 m²
日均人流量（最高峰）	约6万人次	约6万人次
停车位	250个（地面+地下）	270个（停车楼+地下）

STOP 5(待启用)
北广场地下停车位

STOP 1
地下停车位 50 个

STOP 2
建筑面积 3000 m²
出租车待客 500 m²
停车位 70 个

STOP 3
建筑面积 1500 m²
出租车待客 400 m²
停车位 35 个

STOP 4
建筑面积 4800 m²
出租车待客 500 m²
停车位 115 个

节点意象

模式分析

送客区平面图

送客区意象

送客区人流车流分析

接客区平面图

接客区意象

接客区人流车流分析

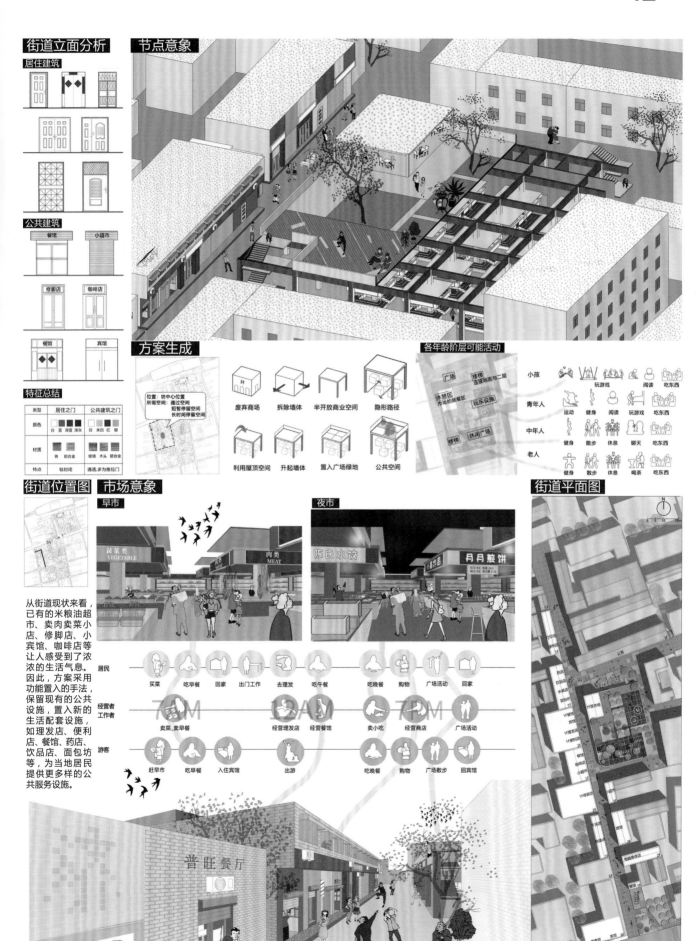

街道立面分析

居住建筑

公共建筑

餐馆 | 小超市

修脚店 | 咖啡店

餐馆 | 宾馆

特征总结

类型	居住之门	公共建筑之门
颜色	白 富 深蓝 深灰	白 米白 红 银
材质	铁 铝合金	玻璃 木头 铝合金
特点	较封闭	通透,多为推拉门

节点意象

方案生成

位置：坊中心位置
所需空间：通过空间
短暂停留空间
长时间停留空间

废弃商场 | 拆除墙体 | 半开放商业空间 | 隐形路径

利用屋顶空间 | 升起墙体 | 置入广场绿地 | 公共空间

各年龄阶层可能活动

广场 | 楼梯连接地面与二层

休憩区 市场区的就餐区

玩乐设施

楼梯 | 休闲广场

小孩	玩游戏	阅读	吃东西	
青年人	运动	健身	阅读	玩游戏 吃东西
中年人	健身	散步	休息 聊天	吃东西
老人	健身	散步	休息 喝茶	吃东西

街道位置图

市场意象

早市

蔬菜类 VEGETABLE | 肉类 MEAT

夜市

陈氏水饺 | 月月煎饼

从街道现状来看，已有的米粮油超市、卖肉卖菜小店、修脚店、小宾馆、咖啡店等让人感受到了浓浓的生活气息。因此，方案采用功能置入的手法，保留现有的公共设施，置入新的生活配套设施，如理发店、便利店、餐馆、药店、饮品店、面包坊等，为当地居民提供更多样的公共服务设施。

7AM | 12AM | 7PM

居民	买菜	吃早餐	回家	出门工作	去理发	吃午餐	吃晚餐	购物	广场活动	回家
经营者工作者	卖菜、卖早餐			经营理发店	经营餐馆		卖小吃	经营商店	广场活动	
游客	赶早市	吃早餐	入住宾馆	出游			吃晚餐	购物	广场散步	回宾馆

普旺餐厅

街道平面图

13

长城热搜

基于文化阐释系统的北甸子村村庄规划与设计

学　　生：唐薇
年　　级：2016 级
指导教师：刘玮

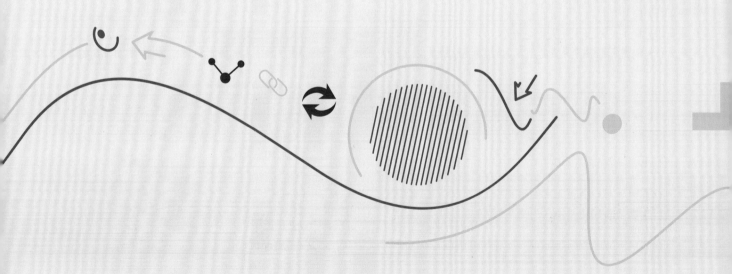

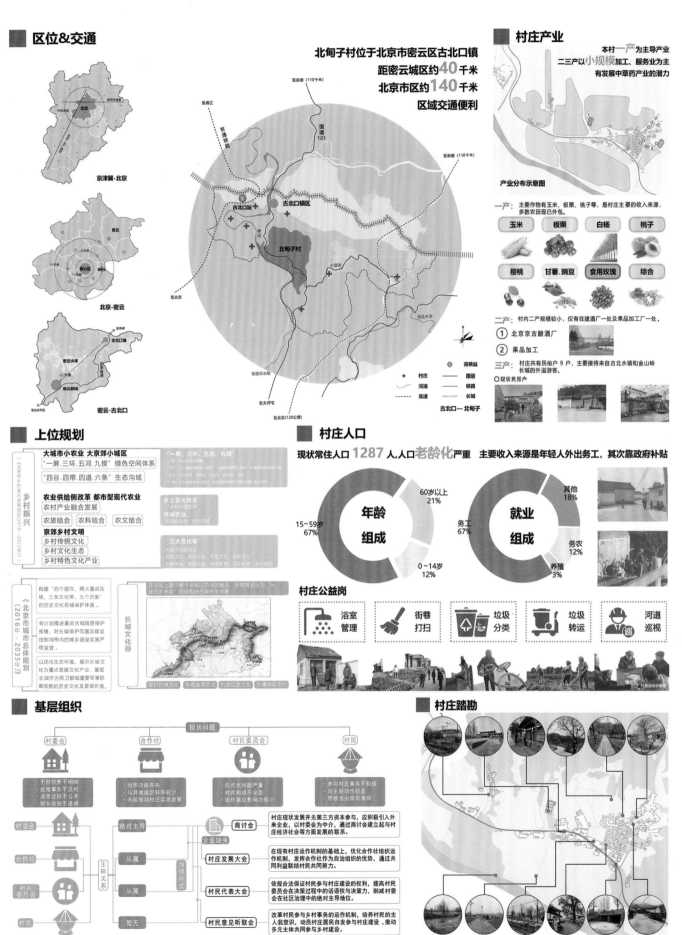

区位&交通

京津冀-北京
北京-密云
密云-古北口

北甸子村位于北京市密云区古北口镇
距密云城区约 **40** 千米
北京市区约 **140** 千米
区域交通便利

古北口站 古北口镇区 北甸子村

高铁站 村庄 国道 河流 铁路 高速 长城
古北口—北甸子

村庄产业

本村**一产**为主导产业
二三产以**小规模**加工、服务业为主
有发展中草药产业的潜力

产业分布示意图

一产：主要作物有玉米、板栗、桃子等，是村庄主要的收入来源，多数农田现已外包。

| 玉米 | 板栗 | 白杨 | 桃子 |
| 樱桃 | 甘薯、豌豆 | 食用玫瑰 | 综合 |

二产：村内二产规模较小，仅有在建酒厂一处及果品加工厂一处。
① 北京京古酿酒厂
② 果品加工

三产：村庄共有民俗户 9 户，主要接待来自古北水镇和金山岭长城的外溢游客。

现状民俗户

上位规划

大城市小农业 大京郊小城区
"一屏、三环、五河、九楔"绿色空间体系
"四谷、四带、四道、六条"生态沟域

"一屏、三环、五河、九楔"

乡村振兴
乡土文化传承
休闲农业

农业供给侧改革 都市型现代农业
农村产业融合发展
农旅结合 农科结合 农文结合

京郊乡村文明
乡村传统文化
乡村文化生态
乡村特色文化产业

"三大文化带"

构建"四个层次、两大重点区域、三条文化带、九个方面"的历史文化名城保护体系

有计划地推进重点长城段落维护修缮，对长城保护范围及建设控制地带内的城乡建设实施严格监管

以优化生态环境，展示长城文化为重点发展文化产业，展现长城作为拱卫都城重要军事防御系统的历史文化及景观价值。

长城文化带

村庄人口

现状常住人口 **1287** 人，人口**老龄化**严重 主要收入来源是年轻人外出务工，其次靠政府补贴

年龄组成
60岁以上 21%
15~59岁 67%
0~14岁 12%

就业组成
其他 18%
务工 67%
务农 12%
养殖 3%

村庄公益岗

| 浴室管理 | 街巷打扫 | 垃圾分类 | 垃圾转运 | 河道巡视 |

基层组织

现状问题

村委会 合作社 村民委员会 村民

村委会
· 干部权责不明晰
· 处理事务不及时
· 决策过程不公开
· 财务信息不透明

合作社
· 组织功能丧失
· 与其他组织联系较少
· 未能推动村民实质发展

村民委员会
· 形式化问题严重
· 村民构成不全面
· 组织意见影响力较小

村民
· 参与村庄事务不积极
· 自主能动性较差
· 思维法治常识薄弱

村委会 合作社 村民委员会 村民

主体关系 绝对主导 从属 从属 暂无

治理形式

商讨会——企业缺失：村庄现有发展并无第三方资本参与，应积极引入外来企业，以村委会为中介，通过商讨会建立起与村庄经济社会等方面发展的联系。

村庄发展大会：在现有村庄运作机制的基础上，优化合作社组织运作机制，发挥合作社作为自治组织的优势，通过共同利益联结村民共同努力。

村民代表大会：依据合法保证村民参与村庄建设的权利，提高村民委员会在决策过程中的话语权与决策力，削减村委会在社区治理中的绝对主导地位。

村民意见听取会：改革村民参与村庄事务的运作机制，培养村民的主人翁意识，动员村民居民自发参与村庄建设，推动多元主体共同参与乡村建设。

村庄踏勘

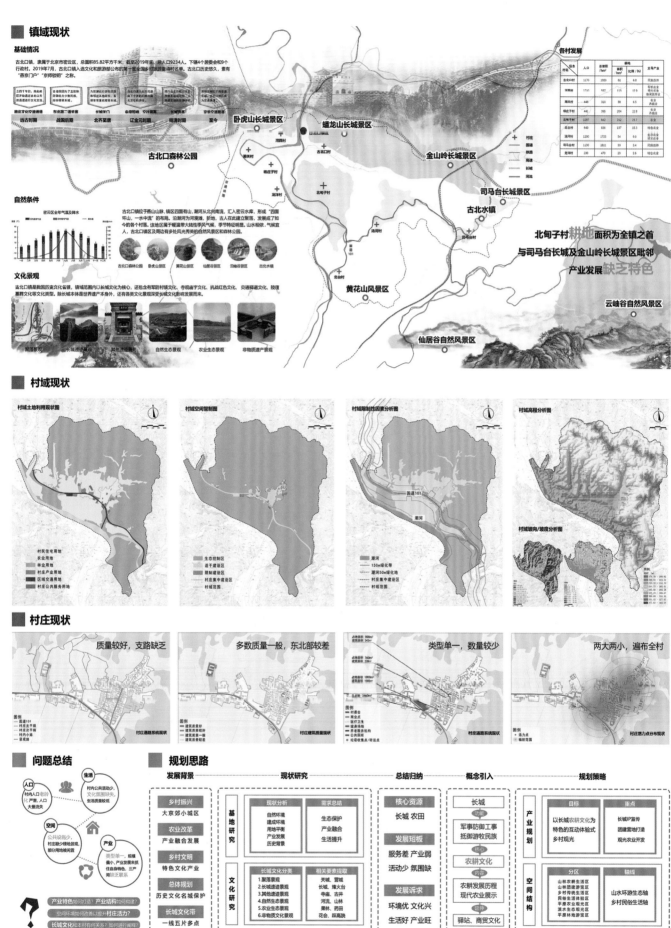

■ **文化要素**

关注长城对**农耕文化**的保护作用，探索农耕文明发展下的衍生文化

筛选关键文化要素，通过多样化**旅游项目**进行文化阐释

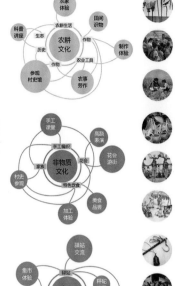

南北文化交流通道 　东北第二道关塞 　长城关口 　中原前哨、交往要塞 　长城要塞 　京承交通通道

军屯文化
长城沿线建立各类耕战结合、以屯养兵的军屯。

农耕文化
长城内侧在长期农业生产中产生的风俗文化。

商贸文化
长城阻隔下，游牧民族只能通过商贸获取内侧资源。

驿站文化
长城关口建立驿站，促进内外民族的商业、文化交流。

非物质文化
在农业生产活动基础上，形成各种手工艺创造。

■ **产业规划**

低 ·经济收入低 ·产品价格低 → **产业模式单一**

小 ·经营规模小 ·宣传力度小 → **缺乏相互合作**

少 ·服务设施少 ·活动项目少 → **基础设施不完善**

叁·远期目标　IP打造　资本引入　本土品牌

贰·初期方向　旅游开发　三产融合　设施建设　村内合作

壹·现状问题

旅游——乡村新体验

文化体验

农耕文化课堂

田间识物　农夫集市　农事体验
抓住村庄农业资源优势，将观光农业与自然教育结合，打造亲子游自然互动课堂。

长城文化课堂
长城轶闻　聚落历史　古北口风云
延续长城文脉，从人、村落、自然等角度生动再现长城沿线村落日常生活及秀丽风光。

民俗文化课堂

民俗演出　手工制作　节庆活动
复兴村庄本土文化，通过各类民俗活动，增加村庄旅游吸引力，助力乡土文化传承。

延伸文化课堂

商贸文化　驿站文化　军屯文化
以农耕文化为线索，介绍长城相关延伸文化，展示长城对保护农耕文化的重要性。

特色项目

(A) **多彩农耕**——大棚田地山林，不同采摘体验

(B) **田野迷踪**——在田野里穿梭，享受阳光和风

(C) **团建营地**——乐动刺激探险，景赏满天星野

(D) **驿站重现**——再现驿站情景，重寻商贸氛围

农——吃游一体

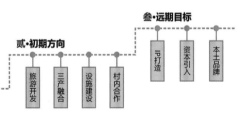

月份	1	2	3	4	5	6	7	8	9	10	11	12
板栗树												
桃树												
樱桃树												
核桃树												
杏树												
食用玫瑰												

春（4-6月）赏花季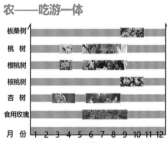

夏（7-9月）品果季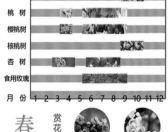

秋（10-12月）丰收季

工——手作体验

竹编好玩（竹编工坊）

酒在这里（酿酒参观）

食出花样（农产品加工）
红薯干　栗子糕　鲜花饼

文化阐释系统

阐释分级

初级阐释
概述游客对长城的原有印象——以防御功能为主的军事工事

进阶阐释
介绍长城军事防御以外的其他功能——保护长城内侧农耕文化的发展

高阶阐释
进一步拓展长城文化的概念——农耕文化蓬勃发展下产生的系列文化

阐释目标

深挖长城文化内涵，加强长城IP打造

对长城文化认知程度不同的游客都能有新理解

强化村民对本土文化的理解，提高文化自信

阐释设施

文化指导中心
①休闲、文化、社交场所
—游客服务中心
②资源共享中心
—展览馆、图书馆
③方向指示信息
—游线图

景观指示牌
①户外：展示板、路标
—成本低、耐损耗、宣传力强
②室内：互动宣传媒体
—配合视频、音频进行宣传

村庄导游
①创造景区氛围
—轻松舒适
②阐释有效性强
—提供个性化信息咨询
③阐释互动性强
—互动让游客更易理解

阐释方法

引用 | 保留 | 再现 | 抽取

观光
引用自然风光进行游客观光，让游客认知本地山水格局、自然生态。

科教
保留特色物质文化进行展览，扩大游客对本地文化的认知广度和深度。

体验
再现农耕文化下村民的生活场景，通过体验项目促进游客再理解本土文化。

康体
抽取长城文化的精神内核，设置康体相关项目，引发游客的精神共鸣。

浏览分区

文化项目策划

文化类型	文化内涵	项目设置	景观类型	阐释方法
军事文化	长城本体	村史馆参观	生活－生产－生态	观光
	本土材料	民俗广场景观	生活－生产	
	军屯格局	登高远眺	生活－生态	
农耕文化	民俗文化	节庆活动	生活－生产	科教
	农耕方式	农夫果园栗子采摘园	生活－生产	
	本土作物	田野迷宫	生活－生产－生态	
	屯田制度	科普长廊	生活－生产	体验
衍生文化	手工业发展	竹编体验农产品加工	生活－生产	
	商业发展	游客驿站	生活－生产	
	水利兴修	亲水步道	生活－生态	康体
	长城精神	团建营地	生活－生产－生态	

阐释类型 初级阐释 进阶阐释 拓展阐释

结合村庄本底资源，采用四大方法对不同文化进行阐释，增强游客文化体验度

分三级设置文化阐释游线，满足**不同人群**对长城文化认知的需求

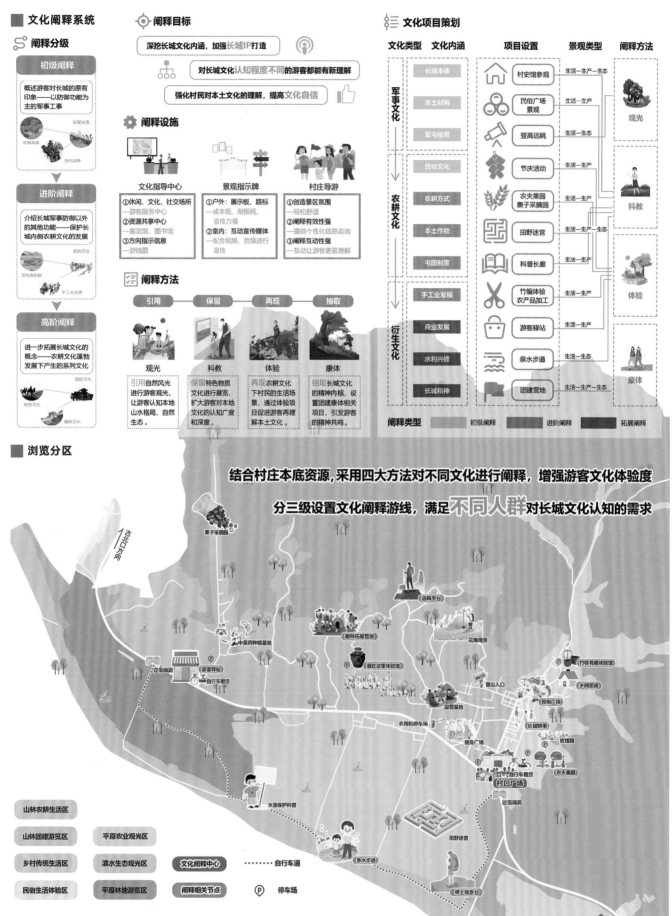

山林农耕生活区
山林团建游览区　平原农业观光区
乡村传统生活区　滨水生态观光区
民俗生活体验区　平原林地游览区
文化阐释中心　······自行车道
阐释相关节点　Ⓟ 停车场

■ 空间改造策略

私密空间到公共空间逐步过渡，保障村民日常生活安宁，也提供文化交流平台

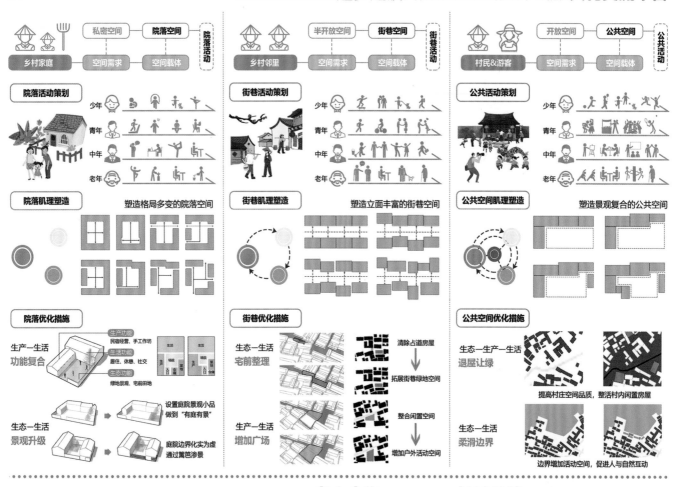

■ IP 打造策略

招商引资建立多方合作，镇域共建打造长城品牌，线上线下联合完善游览体验

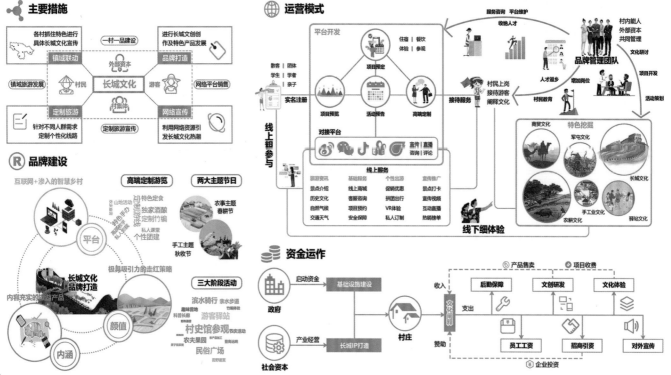

■ 重要节点展示

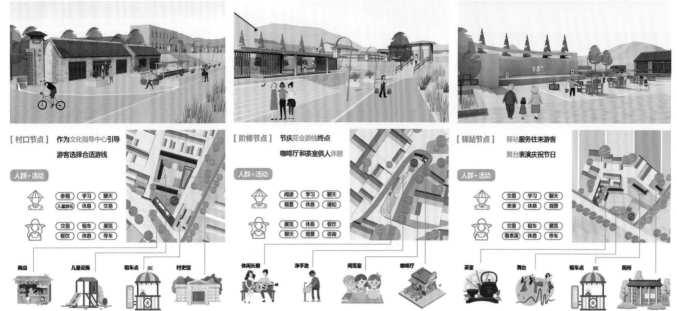

三大重要节点服务游客与村民，复合村庄公共活动及文化阐释需求

[村口节点] 作为文化指导中心引导
游客选择合适游线

人群＋活动

参观　学习　聊天
儿童娱乐　休息　交易

交易　租车　展览
餐饮　休息　停车

商店　　儿童设施　　租车点　　村史馆

[阶梯节点] 节庆花会游线终点
咖啡厅和茶室供人休憩

人群＋活动

阅读　学习　聊天
观景　休息　通知

展览　休息　餐饮
聊天　观景　咨询

休闲长廊　　净手池　　阅览室　　咖啡厅

[驿站节点] 驿站服务往来游客
舞台表演庆祝节日

人群＋活动

交易　学习　聊天
表演　休息　观景

交易　租车　展览
看表演　休息　停车

茶室　　舞台　　租车点　　厕所

■ 文化阐释空间

灵活利用乡村空间，采取不同方法进行文化阐释，将文化主题贯穿村庄设计

集中于新建设用地、山坡及滨水区域，通过设置观景台引导游客在最佳位置眺望本村山水格局及自然景观，感受长城沿线村庄的整体风貌。

观光空间

体验空间
文化体验类项目需要较大的空间，室内室外视具体项目而定。农耕体验集中于村庄东部农田，手工体验则位于村庄北端，均通过排水渠步道连接。

科教空间
科教活动所需空间类型较为灵活，位置分散在村落各处。在以村史馆为代表的大空间里对长城文化进行较为全面的概述，在狭长的道路两侧空间也可通过布置展板对相关的主题文化进行介绍。

康体空间位于林地与建设用地交界处，所有设施均为临时性构筑物，搭建在缓坡之上，靠近村庄一侧则配备服务性设施，满足游客康体需求。

康体空间

■ 滨水空间

在不占用农田的条件下重塑滨水空间，创造亲水条件，增设游客参与项目

滨水截面　坝上绿道　生态农田　田野要素
滨水栈道
自然驳岸　　　　景观道　白杨　玉米田　仓库　　楚丽

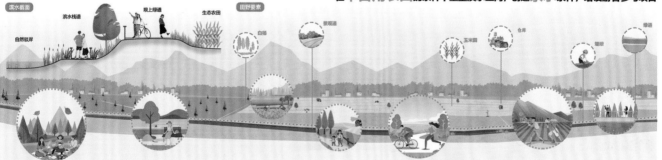

■ 幼儿园选型

村庄内增加幼儿园一处，
并设置二层平台供儿童
日常游乐锻炼。

■ 院落改造

不同民宿不同特色　　**特色民宿**　　手工艺融入作坊装饰　　**手工作坊**
提升游客旅游体验　　　　　　　　　建筑风格特色鲜明

住宿　餐饮　购物　　　　　　　参观　体验　购物

整合多样休闲需求　　**活动中心**　　重塑村委空间　　**村委会**
提供丰富空间类型　　　　　　　　　置入全新交往功能

居住　餐饮　娱乐　　　　　　　会议　阅览　办公

■ 绿道设计

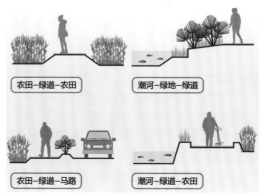

农田－绿道－农田　　　　潮河－绿地－绿道

农田－绿道－马路　　　　潮河－绿道－农田

14

魅力市井，健康滨城

二七广场周边地区城市设计

学　　生：蒲菲儿　邹杰　刘一军
年　　级：2016 级
指导教师：荣玥芳

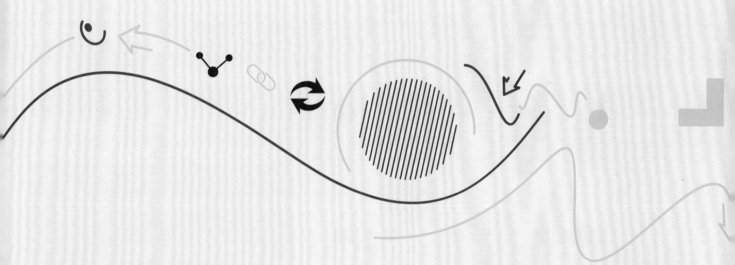

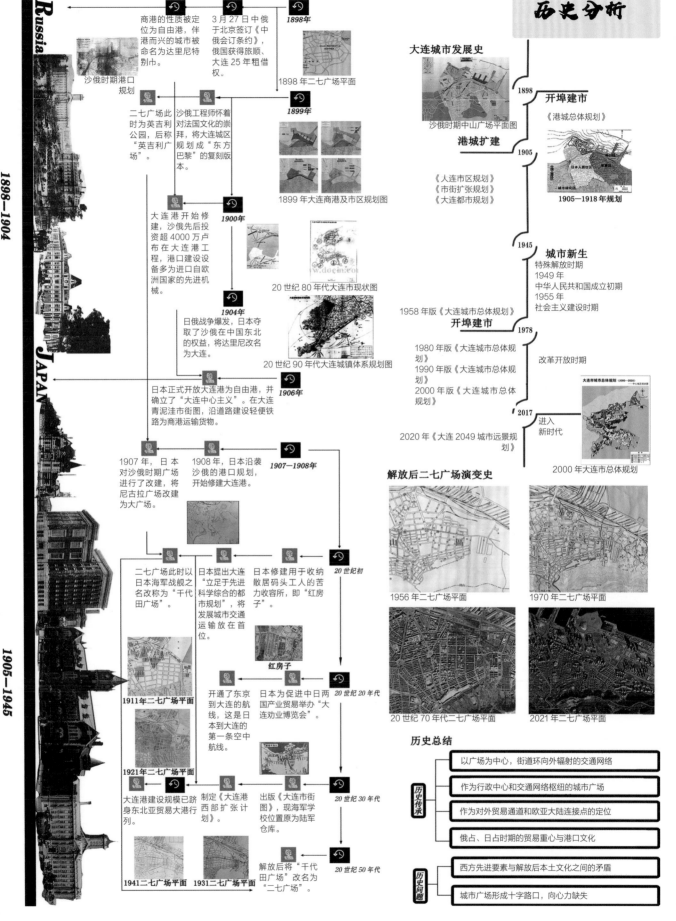

历史分析

大连城市发展史

沙俄时期中山广场平面图

1898 开埠建市
《港城总体规划》

港城扩建
1905
《大连市区规划》
《市街扩张规划》
《大连都市规划》
1905—1918年规划

1945 城市新生
特殊解放时期
1949年
中华人民共和国成立初期
1955年
社会主义建设时期
1958年版《大连城市总体规划》

开埠建市 1978
1980年版《大连城市总体规划》
改革开放时期
1990年版《大连城市总体规划》
2000年版《大连城市总体规划》

2017 进入新时代
2020年《大连2049城市远景规划》

2000年大连市总体规划

解放后二七广场演变史

1956年二七广场平面

1970年二七广场平面

20世纪70年代二七广场平面

2021年二七广场平面

历史总结

历史传承
- 以广场为中心，街道环向外辐射的交通网络
- 作为行政中心和交通网络枢纽的城市广场
- 作为对外贸易通道和欧亚大陆连接点的定位
- 俄占、日占时期的贸易重心与港口文化

历史问题
- 西方先进要素与解放后本土文化之间的矛盾
- 城市广场形成十字路口，向心力缺失

Russia

1898—1904

商港的性质被定位为自由港，伴港而兴的城市被命名为达里尼特别市。

沙俄时期港口规划

3月27日中俄在北京签订《中俄会订条约》，俄国获得旅顺、大连25年租借权。

1898年

1898年二七广场平面

二七广场此时为英吉利公园，后称"英吉利广场"。

沙俄工程师怀着对法国文化的崇拜，将大连城区规划成"东方巴黎"的复刻版本。

1899年

1899年大连商港及市区规划图

大连港开始修建，沙俄先后投资超4000万卢布在大连港工程，港口建设设备多为进口自欧洲国家的先进机械。

1900年

20世纪80年代大连市现状图

日俄战争爆发，日本夺取了沙俄在中国东北的权益，将达里尼改名为大连。

1904年

20世纪90年代大连城镇体系规划图

日本正式开放大连港为自由港，并确立了"大连中心主义"。在大连青泥洼市街图，沿道路建设轻便铁路为商港运输货物。

1906年

JAPAN

1905—1945

1907年，日本对沙俄时期广场进行了改建，将尼古拉广场改建为大广场。

1908年，日本沿袭沙俄的港口规划，开始修建大连港。

1907—1908年

二七广场此时以日本海军战舰之名改称为"千代田广场"。

日本提出大连"立足于先进科学综合的都市规划"，将发展城市交通运输放在首位。

日本修建用于收纳散居码头工人的苦力收容所，即"红房子"。

20世纪初

红房子

1911年二七广场平面

开通了东京到大连的航线，这是日本到大连的第一条空中航线。

日本为促进中日两国产业贸易举办"大连劝业博览会"。

20世纪20年代

1921年二七广场平面

大连港建设规模已跻身东北亚贸易大港之列。

制定《大连港西部扩张计划》。

出版《大连市街图》，现海军学校位置原为陆军仓库。

20世纪30年代

1941二七广场平面

1931二七广场平面

解放后将"千代田广场"改名为"二七广场"。

20世纪50年代

用地分析

土地利用现状图

地块内以居住用地、公共管理与公共服务设施用地、商业服务业设施用地为主，整体片区生活性较强。商业用地主要集中于港湾广场、三八广场和二七广场附近，其余商业用地零散分布于居住区沿街。

序号	用地名称	用地代码	面积/hm²	比例/（%）
1	居住用地	R	101.3	46.02
2	公共管理与公共服务设施用地	A	24.7	11.22
3	商业服务业设施用地	B	24.7	11.22
4	工业用地	M	10.9	4.95
5	道路与交通设施用地	S	49.2	22.35
6	公用设施用地	U	2.6	1.18
7	绿地与广场用地	G	3.6	1.64
8	非建设用地	E	3.1	1.42
	总用地		220.1	100.00

交通分析

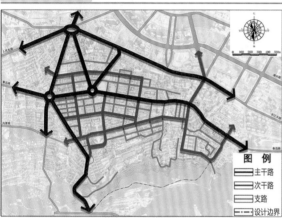

道路交通现状图

图例
主干路
次干路
支路
设计边界

地块周边道路主要呈现放射形状，是在殖民时期规划基础上进一步发展的成果。
老区内：道路以各大广场为中心，沿海岸线方向向四周各个方向散开。城市整体路网较密，老旧居住区内道路通达性较差，道路较为杂乱且较窄，存在断头路。
广场周边：以放射状道路为主，城市道路网较密且方向规整，地块通达性较好。
东港商务新区：道路呈较规整斜方格网形，路网较稀疏，但道路相比老区较宽。

地块内部及周边道路肌理图

道路等级	道路名称	路网密度/（km/km²）
主干路（6条）	五五路、港湾街、大众街、长江东路、朝阳街、鲁迅路	3.02
次干路（9条）	勤俭街、太阳街、捷胜街、荣民街、育才街、春德街、七星街、黎明街、春海街	2.70
支路（17条）	丹东街、北斗街、民德街、春和街、新柳街、顺阳街、和阳街、学士街、爱阳街、民建街、明阳街、春生街、春港街、春街街东一巷、春山巷、明星街、七星街	4.58

公共交通现状图

图例
7路　703路
11路　710路
13路　708路
24路　712路
27路　526路
30路　529路
31路　538路
201路　公交站
501路　地铁站
534路　设计边界

201路有轨电车沿鲁迅路行驶，穿过地段内并在地段内设有二七广场、寺儿沟、春海街三个站点。
根据有轨电车站点的服务半径来看，三个站点基本能满足地段内居民的使用需求。
地段公共交通线路与站点基本能满足居民出行需求，居民公共交通出行条件较为便利。

	公交车	17条公交线路
线路	有轨电车	201路
	地铁	3条线路（2号线已建成，6号线、7号线规划建设中）
车站	公交站	34个
	有轨电车站	3个
	地铁站	2个（港湾广场站已建成，三八广场站规划建设中）

停车设施分布现状图

地段内停车设施大致可分为路边停车位、大型公共建筑附属停车场和地下停车场三种。
停车设施分布较为零散且数量严重不足，秩序混乱。

人行道　鲁迅路　人行道

人行道　人行道

人行道　人行道

影响因素

影响健康的因素多种多样，但其中影响公共健康的街道空间要素主要有公共服务、交通出行、社会交往。公共服务方面，主要是基础设施完善；交通出行方面，最健康的出行方式是步行、骑行及公共交通出行；社会交往方面，良好的邻里交往可以增加邻里互动和活动时间，达到健康的目的。

公共服务——医疗设施、养老院、广场公园都是健康城市的重要指标。

医疗

养老

运动空间

交通出行——健康出行方式，社区周边充足的公交站点、商店可以增强市民步行的机会。

步行

公共交通

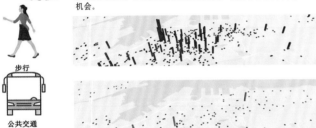

社会交往——良好的邻里交往，可以增加居民出行机会，从而促进人们步行可能性的增加；同时很好的邻里关系可以增加社区组织活动的可能性，不仅可以帮助居民保持心理健康，同时还保证了居民的生理健康。

现状问题

现状问题
- 公共服务
  - 设施不足
  - 管理不当
  - 资金不足
  - 规模不足
- 交通出行
  - 人行空间占用
- 社会交往
  - 微空间不足
  - 绿化不足

策略一：PPP模式

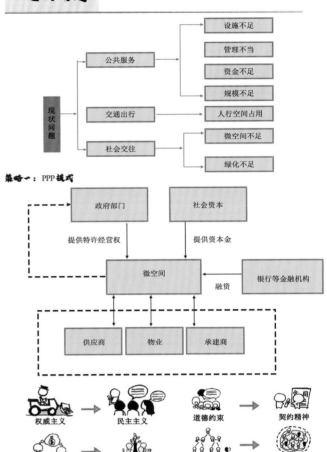

PPP(public-private-partnership)模式，是指政府与私人组织之间，为了提供某种公共物品和服务，以特许权协议为基础，彼此之间形成一种伙伴式的合作关系，并通过签署合同来明确双方的权利和义务，以确保合作的顺利完成，最终使合作各方达到比预期单独行动更为有利的结果。
PPP模式，以政府参与全过程经营的特点受到国内外泛泛关注。PPP模式将部分政府责任以特许经营权方式转移给社会主体（企业），政府与社会主体建立起"利益共享、风险共担、全程合作"的共同体关系，政府的财政负担减轻，社会主体的投资风险减小。

技术路线

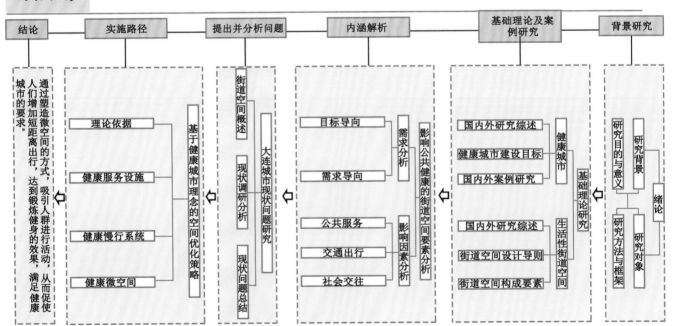

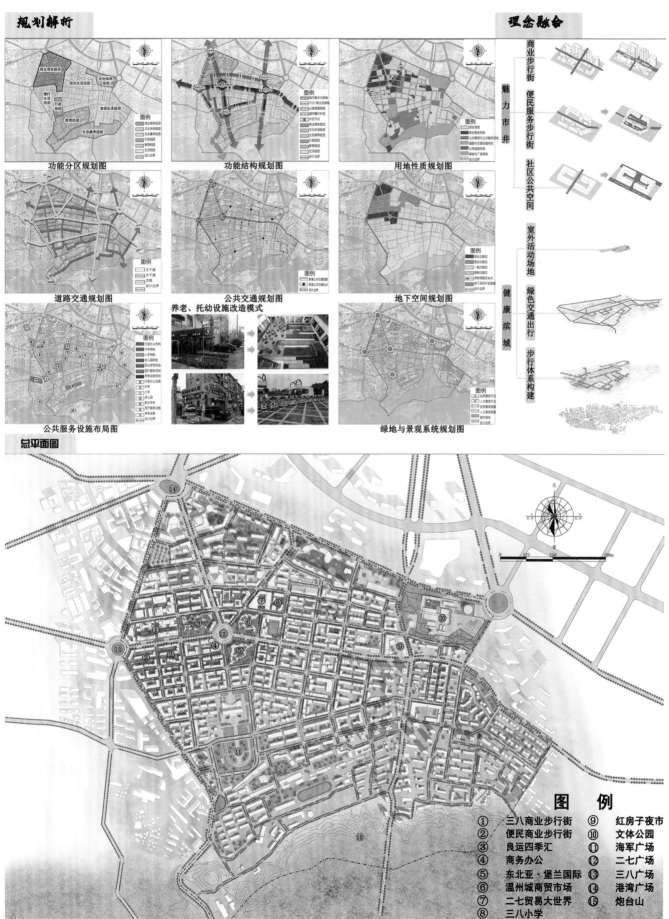

规划解析

理念融合

功能分区规划图

功能结构规划图

用地性质规划图

道路交通规划图

公共交通规划图

地下空间规划图

公共服务设施布局图

养老、托幼设施改造模式

绿地与景观系统规划图

魅力市井

健康滨城

商业步行街

便民服务步行街

社区公共空间

室外活动场地

绿色交通出行

步行体系构建

总平面图

图例

① 三八商业步行街   ⑨ 红房子夜市
② 便民商业步行街   ⑩ 文体公园
③ 良运四季汇   ⑪ 海军广场
④ 商务办公   ⑫ 二七广场
⑤ 东北亚·堡兰国际   ⑬ 三八广场
⑥ 温州城商贸市场   ⑭ 港湾广场
⑦ 二七贸易大世界   ⑮ 炮台山
⑧ 三八小学

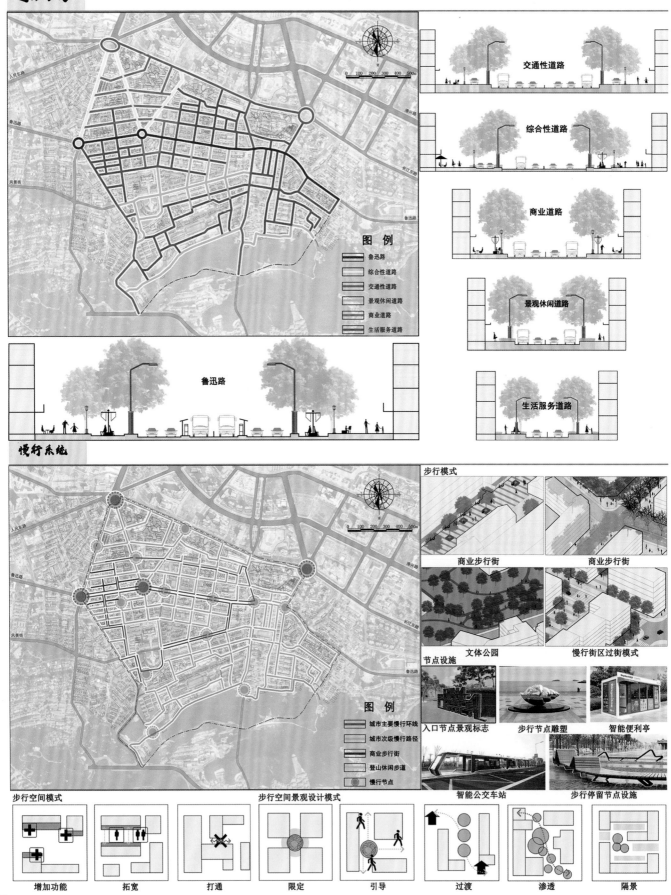

静态交通

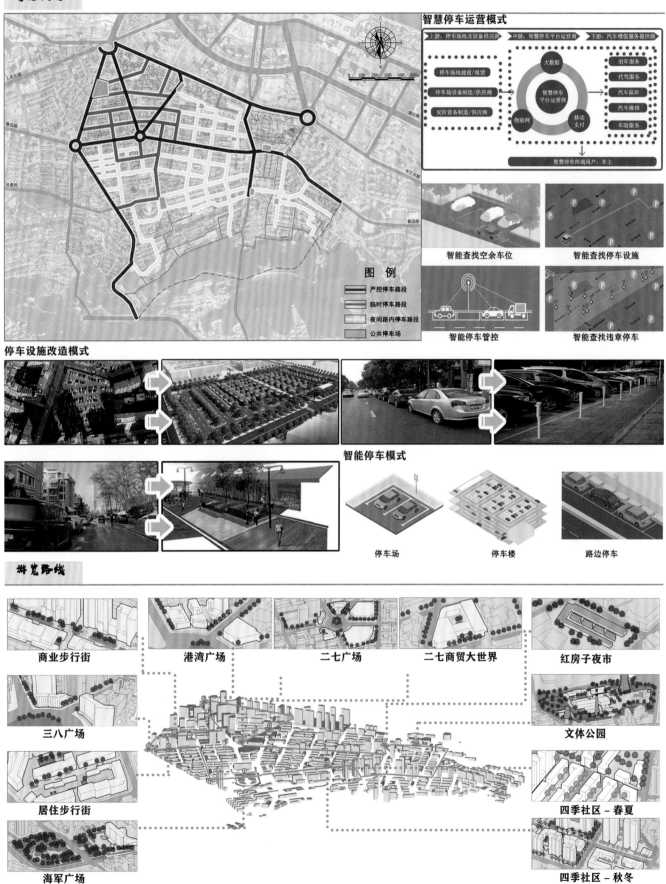

智慧停车运营模式

图例
- 严控停车路段
- 临时停车路段
- 夜间路内停车路段
- 公共停车场

智能查找空余车位　智能查找停车设施
智能停车管控　智能查找违章停车

停车设施改造模式

智能停车模式

停车场　停车楼　路边停车

游览路线

商业步行街　港湾广场　二七广场　二七商贸大世界　红房子夜市

三八广场　文体公园

居住步行街　四季社区–春夏

海军广场　四季社区–秋冬

总平面图

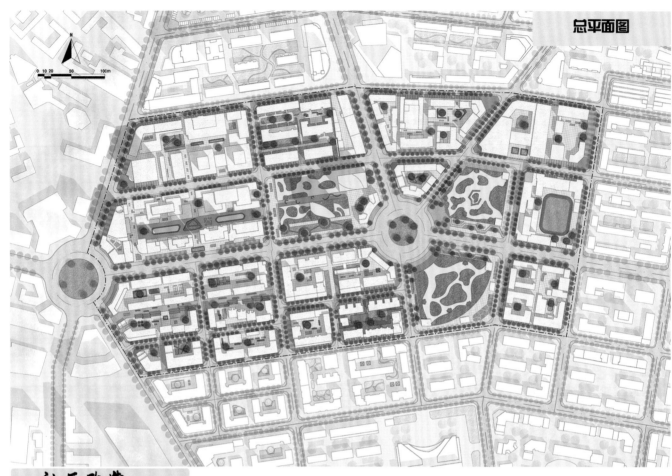

社区改造

健康社区的规划设计应当遵循以下原则：
① 提升社区的土地混合使用率，减少出行距离，增加公共空间活力；
② 提高社区公共交通的使用率，完善公共空间网络，保证公交站点在骑行和步行可接受的距离范围内；
③ 增加社区公共空间的可达性；
④ 坚持弹性发展。

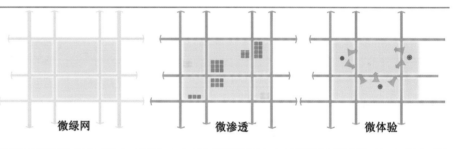

微绿网　　　　微渗透　　　　微体验

空间结构

| 商业步行街 | 居住组团步行商业街 | 重点建筑屋顶平台 |

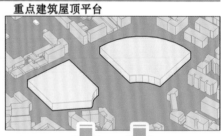

更新策略

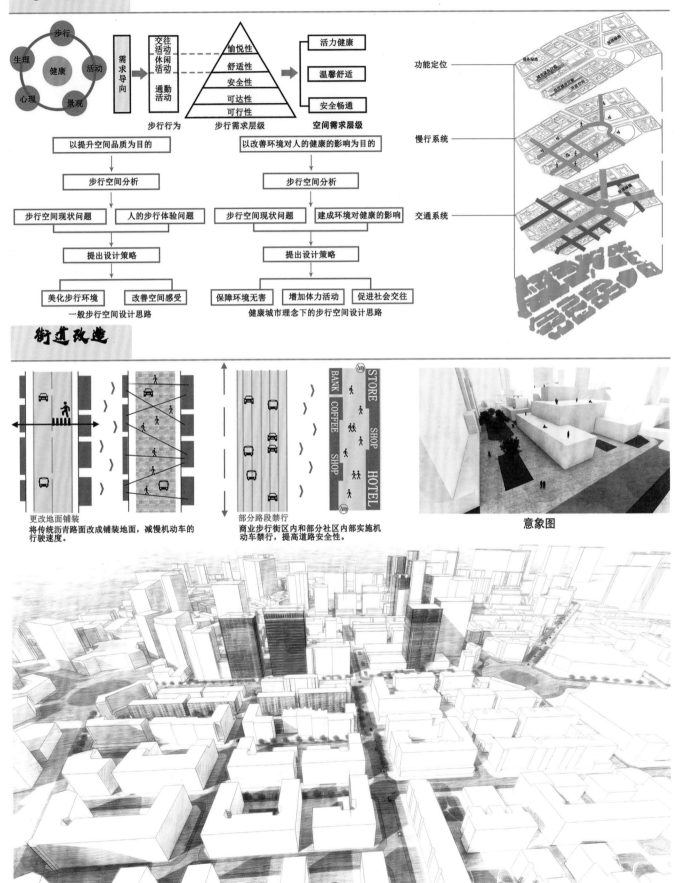

步行行为　　步行需求层级　　**空间需求层级**

以提升空间品质为目的　　以改善环境对人的健康的影响为目的

步行空间分析　　步行空间分析

步行空间现状问题　｜　人的步行体验问题　　步行空间现状问题　｜　建成环境对健康的影响

提出设计策略　　提出设计策略

美化步行环境　｜　改善空间感受　　保障环境无害　｜　增加体力活动　｜　促进社会交往

一般步行空间设计思路　　健康城市理念下的步行空间设计思路

功能定位

慢行系统

交通系统

街道改造

更改地面铺装
将传统沥青路面改成铺装地面，减慢机动车的行驶速度。

部分路段禁行
商业步行街区内和部分社区内部实施机动车禁行，提高道路安全性。

意象图

伴城伴乡

以城乡共生为核心的王庄村村庄规划与设计

学　　生：曹静　舒睿　陈光
年　　级：2016 级
指导教师：刘玮

15

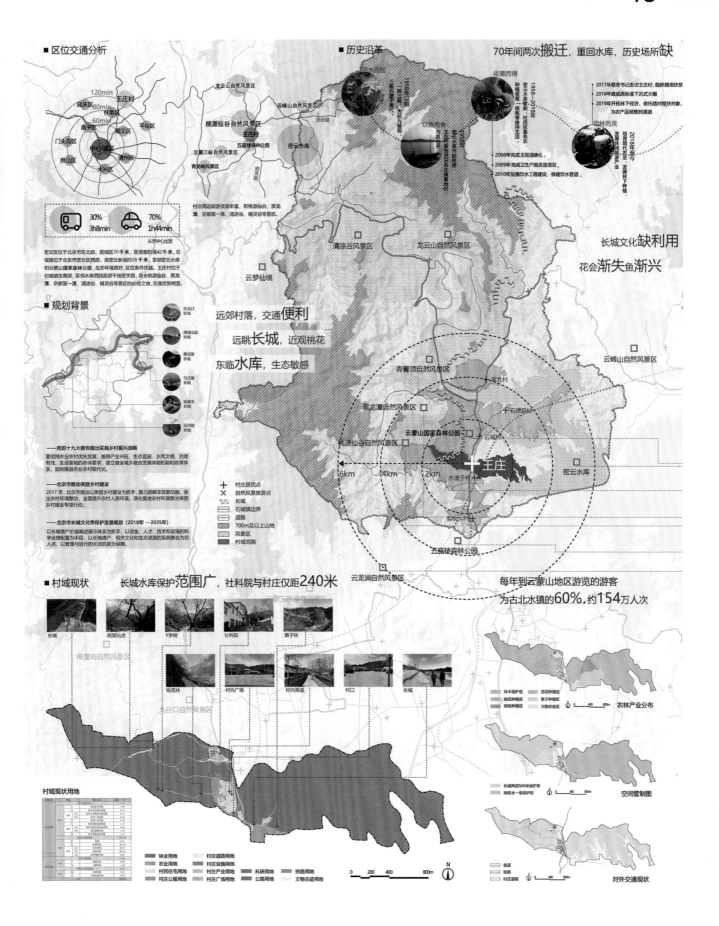

■ 区位交通分析

■ 规划背景

■ 村域现状　长城水库保护范围广，社科院与村庄仅距240米

■ 历史沿革　　70年间两次搬迁，重回水库，历史场所缺

远郊村落，交通便利

远眺长城，近观桃花

东临水库，生态敏感

长城文化缺利用

花会渐失鱼渐兴

每年到云蒙山地区游览的游客
为古北水镇的60%，约154万人次

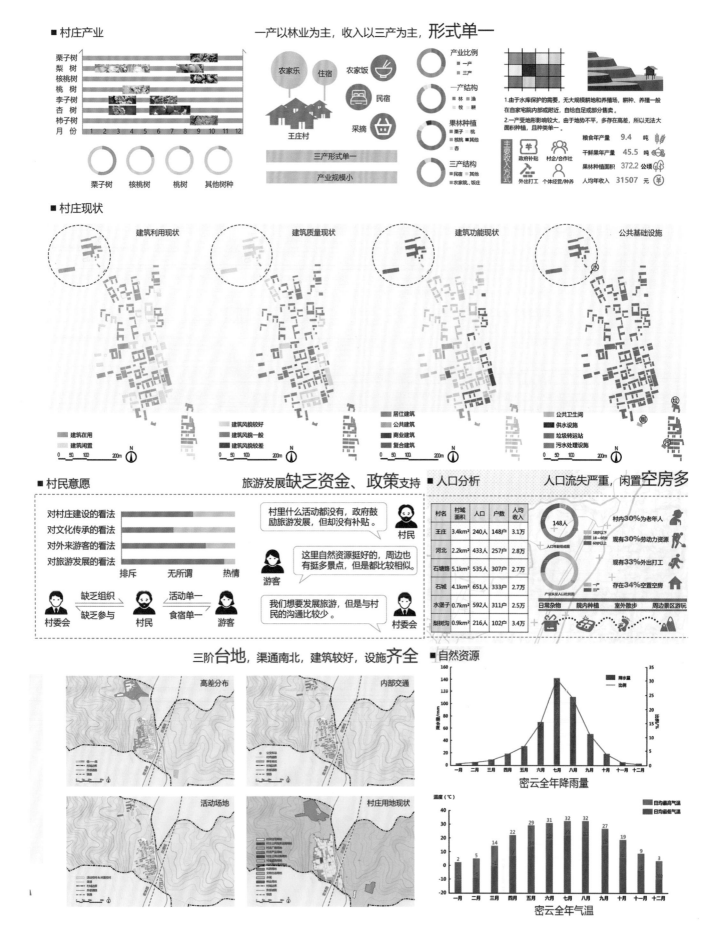

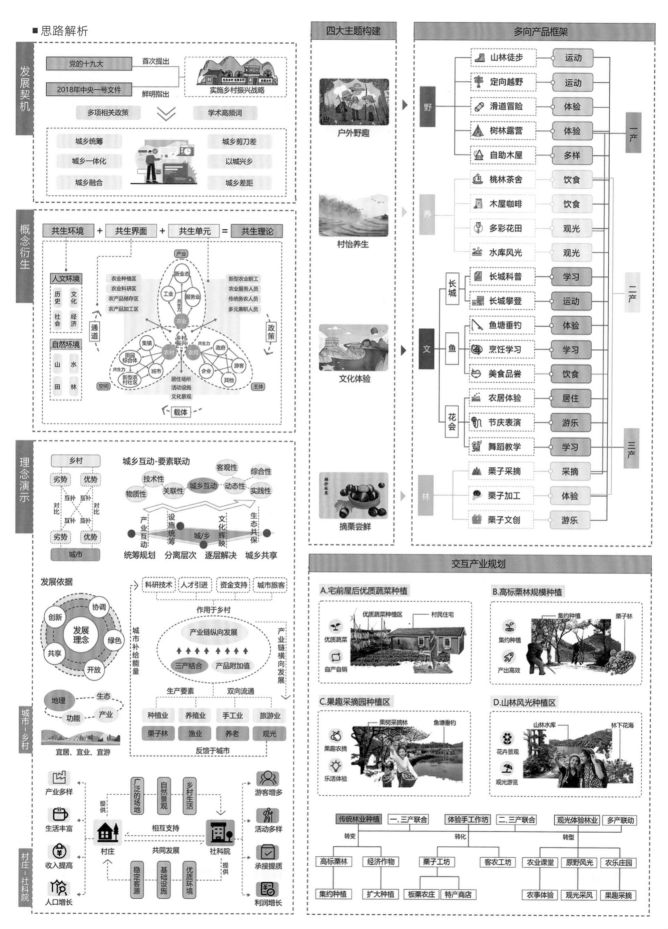

■ 产村共生　　　　　　　　　　　　　　　　　八大分区融合四项主题，四条游线交织不同人群

八大功能分区 + 四条产品线路

野+产	野	文+野	文+林	文	林	养	野+产
生态保护观赏区	山林徒步运动区	长城文化科普区	民俗风情生活区	鲜鱼文化体验区	栗子农林采摘区	水库风光游览区	森林游憩休闲区

林业+乡村旅游　林业+经济果业　林业的高标化　林业的规模化　林业+观光产业

一产以林业为主
策划项目融合二三产分布于不同区域、不同游线

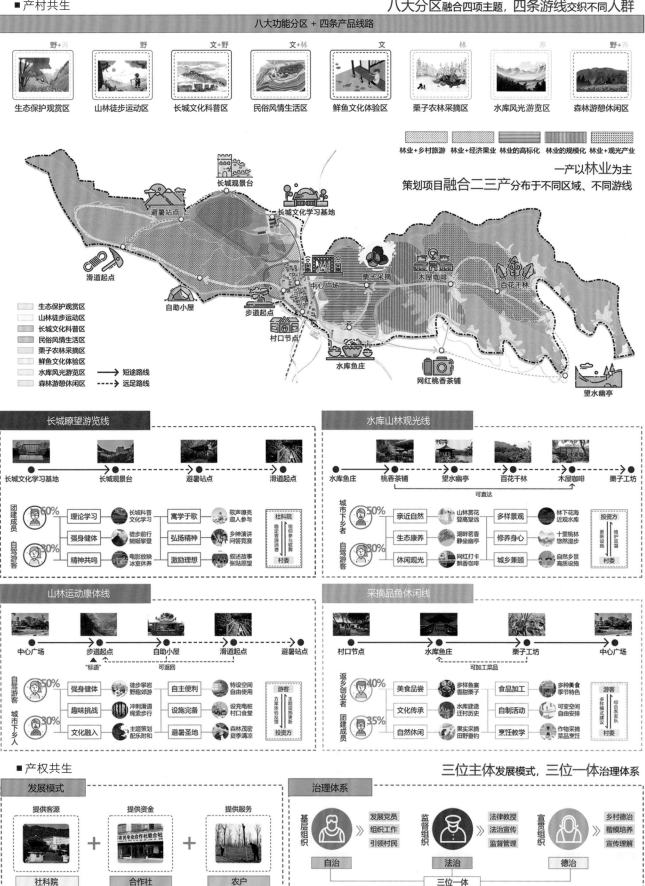

生态保护观赏区
山林徒步运动区
长城文化科普区
民俗风情生活区
栗子农林采摘区
鲜鱼文化体验区
水库风光游览区　→ 短途路线
森林游憩休闲区　⇢ 远足路线

长城瞭望游览线

长城文化学习基地 → 长城观景台 → 避暑站点 → 滑道起点

团建成员 60% / 自驾游客 30%

理论学习 → 长城科普文化学习 → 寓学于歌 → 歌声嘹亮 邀人参与 → 社科院 组织建设 稳定客源调配费
强身健体 → 徒步前行 蜿蜒攀登 → 弘扬精神 → 乡绅演讲 问答竞赛 → 村委
精神共鸣 → 电影放映 冰室休养 → 激励理想 → 叙述故事 张贴愿望

水库山林观光线

水库鱼庄 → 桃香茶铺 → 望水幽亭 → 百花千林 → 木屋咖啡 → 栗子工坊
（可直达）

城市下乡者 50% / 自驾游客 80%

亲近自然 → 山林赏花 登高望远 → 多样景观 → 林下花海 近观水库 → 投资方 更新设施
生态康养 → 湖畔茗香 静坐幽亭 → 修养身心 → 十里桃林 悠悠漫步 → 村委
休闲观光 → 网红打卡 飘香咖啡 → 城乡兼顾 → 自然乡景 高质设施

山林运动康体线

中心广场 → 步道起点 → 自助小屋 → 滑道起点 → 避暑站点

自驾游客 50% / 城市下乡人 30%

强身健体 → 徒步攀岩 野趣郊游 → 自主便利 → 特设空间 自由使用 → 游客 主题营造
趣味挑战 → 冲刺滑道 绳索步行 → 设施完备 → 设充电桩 村口食堂 → 投资方
文化融入 → 主题策划 配乐附和 → 避暑圣地 → 森林茂密 夏季清凉

采摘品鱼休闲线

村口节点 → 水库鱼庄 → 栗子工坊 → 中心广场
（可加工菜品）

返乡创业者 40% / 团建成员 35%

美食品尝 → 多样美食 香甜栗子 → 食品加工 → 多种美食 季节特色 → 游客 多样模式建议
文化传承 → 水库建造 迁村历史 → 自制活动 → 可变空间 自由安排 → 村委
自然休闲 → 果实采摘 田野垂钓 → 烹饪教学 → 作物采摘 菜品烹饪

■ 产权共生　　　　　　　　　　　　　　　　　三位主体发展模式，三位一体治理体系

发展模式

提供客源 ＋ 提供资金 ＋ 提供服务
社科院 合作社 农户

治理体系

基层组织 ≫ 发展党员 组织工作 引领村民 — 自治
监督组织 ≫ 法律教授 法治宣传 监督管理 — 法治
宣传组织 ≫ 乡村德治 楷模培养 宣传理解 — 德治

三位一体

■ 人群身份转变与共生

云蒙山客源充足，社科院吸引不同游客，村庄实现人群旅游方式转变

总游客 1497万人次
住宿游客 186.1万人次

总游客 154万人次
住宿游客 19.1万人次

密云区　　云蒙山　　王庄村

总游客 12万人次　　住宿游客 1.52万人次　　总收入300万元

前期	中期	后期
原生村民	原生村民	原生村民
自驾游客	农家乐/民宿经营者	农家乐/民宿经营者
团建成员	返乡创业者	返乡创业者
	普通游客	城乡双身份者
		普通游客

村庄 吸引　社科院 吸引　转化⇄转化

村庄—社科院共生：提供 多样步道 自然景观 乡村生活；相互支持；共同发展；稳定客源 基础设施 优质环境；村庄 社科院 提供

游客—村民共生：提供 多样活动 热情服务；各取所需；和谐发展；稳定收入 意见输出；村民 游客 提供

新村民—老村民共生：需求 种植养殖 店面打理 生意招揽 原料购入；身份转换；城乡共生；生活习惯 知识水平 消费水平 基础设施；老村民 新村民 需求

■ 空间提升改造

点线面空间使用不同策略，打破不合理边界，创造多样公共空间

街巷空间优化：原有道路系统混乱｜道路关系疏通｜地形形成断路｜加入阶梯步行道｜建筑合理退让｜公共空间生成；植入座椅花坛公告栏构筑物

点状空间优化：村口 院落 井口 广场 池塘 花坛 水渠 步道 桥头 交叉路口；功能型 文化型 点状空间整合共建 交通型 景观型

旧建筑拆除整合广场空间／打破生硬界限疏通院落关系／加建建筑、凉亭增强围合感／设置景观植物柔性围合空间

点状空间图底提取

外部空间优化：重构还原，功能置入｜趋势保留，丰富环境

城乡有机更新设计**教学探索与实践**

■村庄总平面图

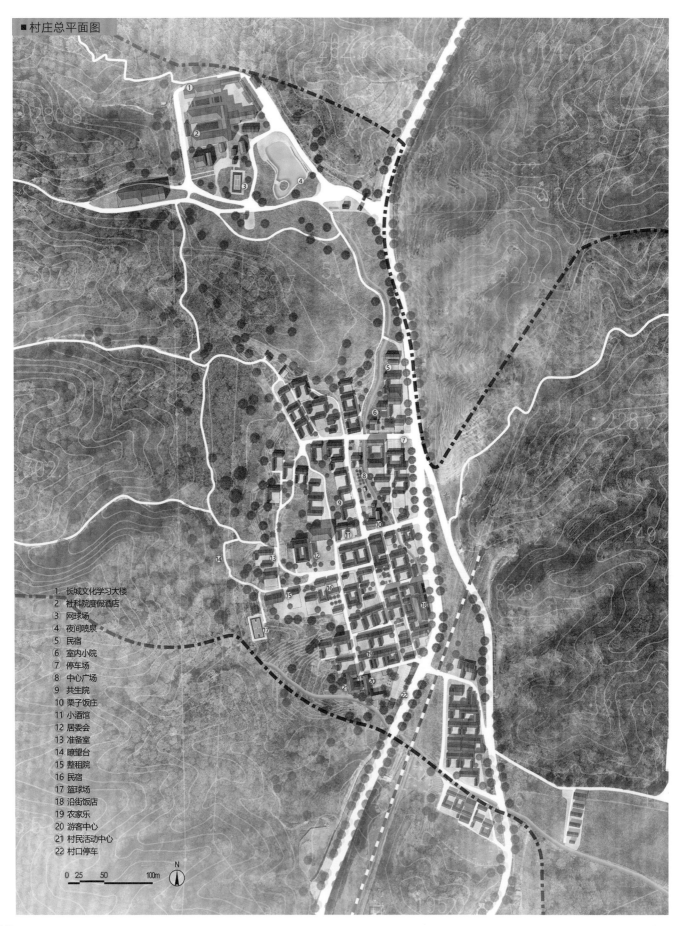

1. 长城文化学习大楼
2. 社科院度假酒店
3. 网球场
4. 夜间喷泉
5. 民宿
6. 室内小院
7. 停车场
8. 中心广场
9. 共生院
10. 栗子饭庄
11. 小酒馆
12. 居委会
13. 准备室
14. 瞭望台
15. 整租院
16. 民宿
17. 篮球场
18. 沿街饭店
19. 农家乐
20. 游客中心
21. 村民活动中心
22. 村口停车

0 25   50   100m   N

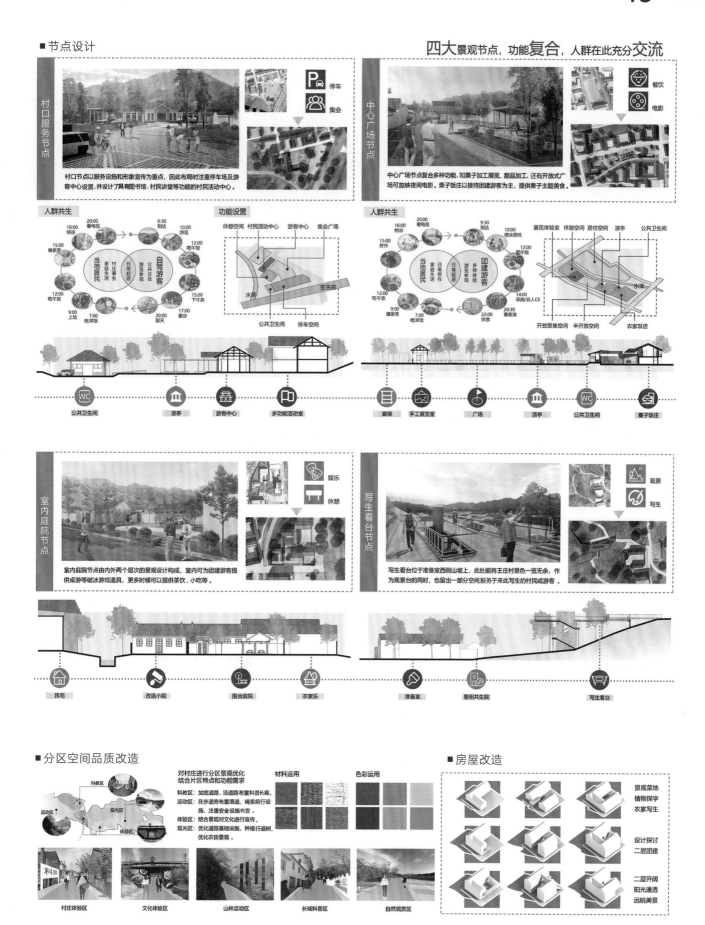

■ 节点设计

四大景观节点，功能**复合**，人群在此充分**交流**

村口服务节点

村口节点以服务设施和形象宣传为重点，因此布局时注重停车场及游客中心设置，并设计了具备图书馆、村民讲堂等功能的村民活动中心。

停车
集会

人群共生

功能设置

中心广场节点

中心广场节点复合多种功能，如栗子加工展览、甜品加工，还有开放式广场可放映夜间电影。栗子饭庄以接待团建游客为主，提供栗子主题美食。

餐饮
电影

人群共生

公共卫生间 | 凉亭 | 游客中心 | 多功能活动室

廊架 | 手工展览室 | 广场 | 凉亭 | 公共卫生间 | 栗子饭庄

室内庭院节点

室内庭院节点由内外两个层次的景观设计构成，室内可为团建游客提供桌游等破冰游戏道具，更多时候可以提供茶饮、小吃等。

娱乐
休憩

写生看台节点

写生看台位于准备室西侧山坡上，此处既能将王庄村景色一览无余，作为观景台的同时，也留出一部分空间服务于来此写生的村民或游客。

观景
写生

民宅 | 改造小院 | 围合庭院 | 农家乐

准备室 | 整租共生院 | 写生看台

■ 分区空间品质改造

对村庄进行分区景观优化
结合片区特点和功能需求

科教区：加宽道路，沿道路布置科普长廊。
运动区：在步道旁布置滑道、绳索前行设施，注重安全设施布置。
体验区：结合景观对文化进行宣传。
观光区：优化道路基础设施，种植行道树，优化农田景观。

材料运用

色彩运用

■ 房屋改造

景观菜地
植物探学
农家写生

设计探讨
二层团建

二层开阔
阳光通透
远眺美景

村庄体验区 | 文化体验区 | 山林运动区 | 长城科普区 | 自然观赏区

131

■ 村庄鸟瞰图

破界·融合

西安市青年路街道城市更新规划设计

学　　生：鑫笛　秦梦楠　赵萌
年　　级：2017 级
指导教师：张忠国　苏毅

16

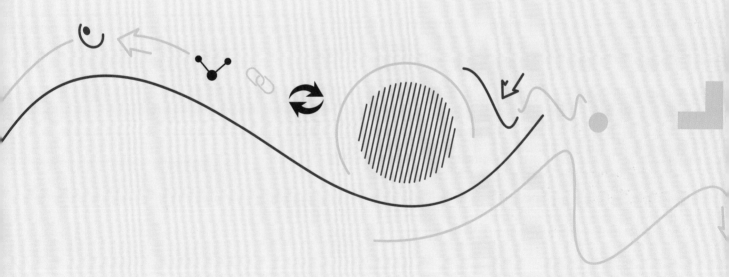

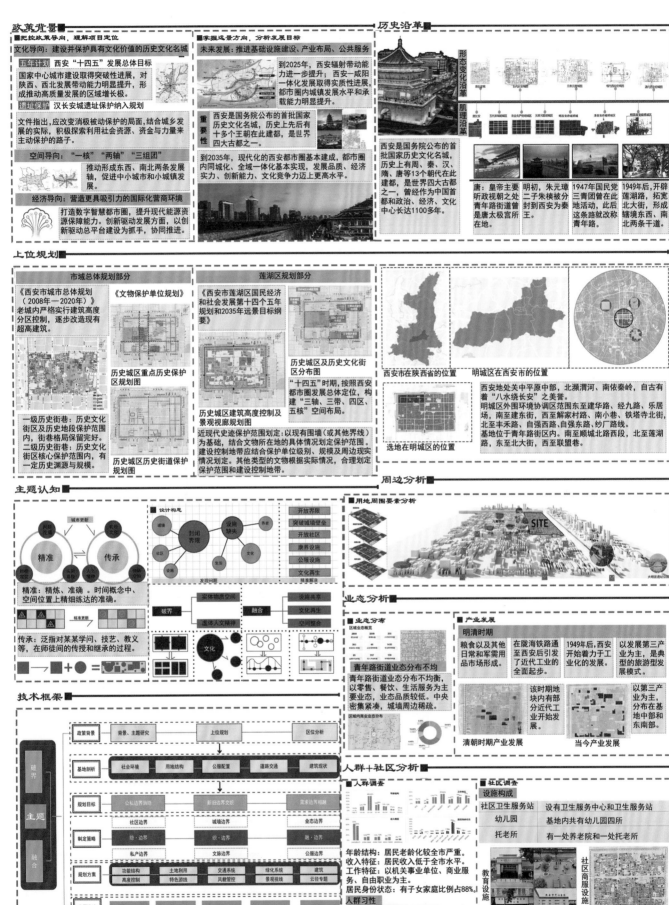

政策背景

把控政策导向，理解项目定位

文化导向： 建设并保护具有文化价值的历史文化名城

五年计划 西安"十四五"发展总体目标
国家中心城市建设取得突破性进展，对陕西、西北发展带动能力明显提升，形成among国高质量发展的区域增长极。

遗址保护 汉长安城遗址保护纳入规划
文件指出，应改变消极被动保护的局面，结合城乡发展的实际，积极探索利用社会资源、资金与力量来主动保护的路子。

空间导向： "一核""两轴""三组团"
推动形成东西、南北两条发展轴，促进中小城市和小城镇发展。

经济导向： 营造更具吸引力的国际化营商环境
打造数字智慧都市圈，提升现代能源资源保障能力。创新驱动总平台建设为抓手，协同推进。

掌握远景方向，分析发展目标

未来发展： 推进基础设施建设、产业布局、公共服务

到2025年，西安辐射带动能力进一步提升；西安-咸阳一体化发展取得实质性进展，都市圈内城镇发展水平和承载能力明显提升。

重要性 西安是国务院公布的首批国家历史文化名城，历史上先后有十多个王朝在此建都，是世界四大古都之一。

到2035年，现代化的西安都市圈基本建成，都市圈内同城化、全域一体化基本实现，发展品质、经济实力、创新能力、文化竞争力迈上更高水平。

历史沿革

形态变化沿革

肌理沿革

西安是国务院公布的首批国家历史文化名城，历史上先后有周、秦、汉、隋、唐等13个朝代在此建都，是世界四大古都之一，作为中国首都和政治、经济、文化中心长达1100多年。

| 唐：皇帝主要听政视朝之处青年路街道曾是唐太极宫所在地。 | 明初，朱元璋二子朱樉被分封到西安为秦王。 | 1947年国民党三青团曾来到西安于秦地，此后这条路就改称青年路。 | 1949年后，开辟莲湖路，拓宽北大街，形成辖境东西、南北两条干道。 |

上位规划

市域总体规划部分

《西安市城市总体规划（2008年—2020年）》老城内严格实行建筑高度分区控制，逐步改造现有超高建筑。

《文物保护单位规划》

历史城区重点历史保护区规划图

一级历史街巷：历史文化街区及历史地段保护范围内，街巷格局保留完好。
二级历史街巷：历史文化街区核心保护范围内，有一定历史渊源与规模。

历史城区历史街道保护规划图

莲湖区规划部分

《西安市莲湖区国民经济和社会发展第十四个五年规划和2035年远景目标纲要》

历史城区及历史文化街区分布图

"十四五"时期，按照西安都市圈发展总体定位，构建"三轴、三带、四区、五核"空间布局。

历史城区建筑高度控制及景观视廊规划图

近现代史迹保护范围划定：以现有围墙（或其他界线）为基础，结合文物所在地的具体情况划定保护范围。建设控制地带应结合保护单位级别、规模及周边现实情况划定。其他类型的文物根据实际情况，合理划定保护范围和建设控制地带。

西安市在陕西省的位置
明城区在西安市的位置

选地在明城区的位置

西安市地处关中平原中部，北濒渭河、南依秦岭，自古有着"八水绕长安"之美誉。
明城区外围环境协调区范围东至建华路、经九路、乐居场，南至建东街，西至解家村路、南小巷、铁塔寺北街，北至丰禾路、自强西路、自强东路、纱厂路线。基地位于青年路街道区内。南至顺城北路西段，北至莲湖路，东至北大街，西至联盟巷。

主题认知

精准 ← 城市更新 → 传承

设计构思

封闭界限
开放界限
突破城墙壁垒
开放社区
康养设施
公服设施
文化再生
精准解决

精准： 精炼、准确。时间概念中、空间位置上精细练达的准确。

传承： 泛指对某某学问、技艺、教义等，在师徒间的传授和继承的过程。

实体物质空间 ← 融合 → 设施共享
虚体人文精神 ← 破界 → 文化再生
空间整合

文化

技术框架

破界 / 主题 / 融合

| 政策背景 | 背景、主题研究 | 上位规划 | 区位分析 |

| 基地剖析 | 社会环境 | 用地结构 | 公服配置 | 道路交通 | 建筑现状 |

| 规划目标 | 公私边界消融 | 新旧边界交织 | 需求边界相融 |

制定策略	社区边界	城墙边界	业态边界
	隐·边界	织·边界	融·边界
	私产边界	文脉边界	公服边界

| 规划方案 | 功能结构 | 土地利用 | 交通系统 | 绿化系统 | 建筑 |
| | 高度控制 | 特色游线 | 风貌管控 | 景观视廊 | 云径专题 |

| 分区设计 | 城墙文化遗迹片区 | 开放活力街化片区 | 休闲文化体验片区 | 居民人居优化片区 | 其他旅游商业设计 |

周边分析

用地周围要素分析

SITE

大明宫遗址公园

业态分析

业态分布
区域业态分布

青年路街道业态分布不均衡，以零售、餐饮、生活服务为主要业态，业态品质较低。中央密集紧凑，城墙周边稀疏。

区域内商业业态分布

产业发展

明清时期	在陇海铁路通至西安后引发了近代工业的全面起步。	1949年后，西安开始着力于工业化的发展。	以发展第三产业为主，是典型的旅游型发展模式。
粮食以及其他日用和军需用品市场形成。	该时期地块内有部分近代工业开始发展。		以第三产业为主，分布在基地中部和东南部。
	清朝时期产业发展	当今产业发展	

人群＋社区分析

人群调查

年龄结构： 居民老龄化较全市严重。
收入特征： 居民收入低于全市水平。
工作特征： 以机关事业单位、商业服务、自由职业为主。
居民身份状态： 有子女家庭比例占88%。
人群习性

社区调查

设施构成

社区卫生服务站	设有卫生服务中心和卫生服务站
幼儿园	基地内共有幼儿园四所
托老所	有一处养老院和一处托老所

教育设施

社区商服设施

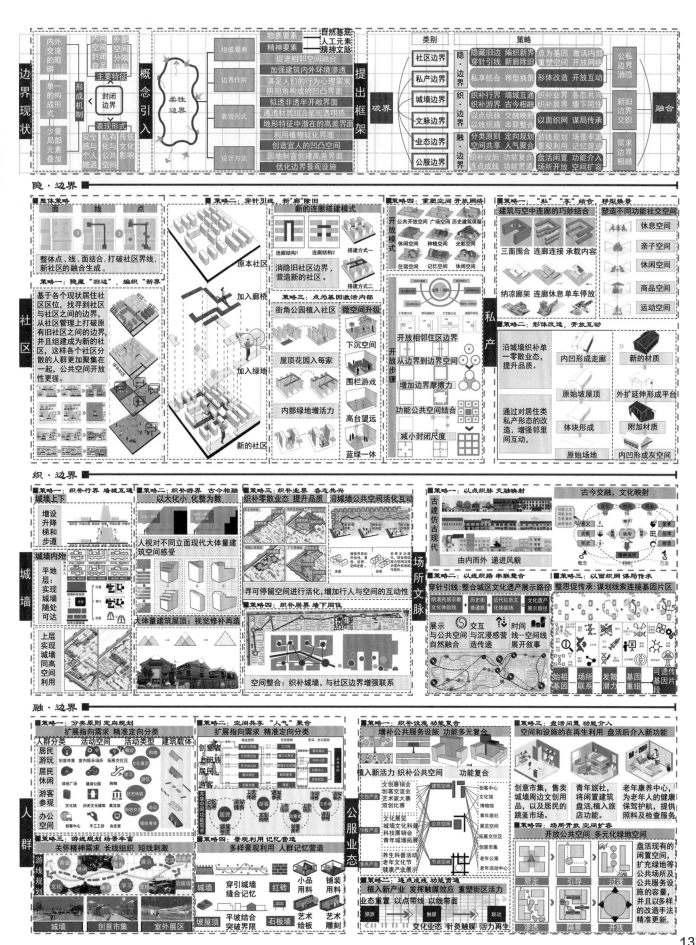

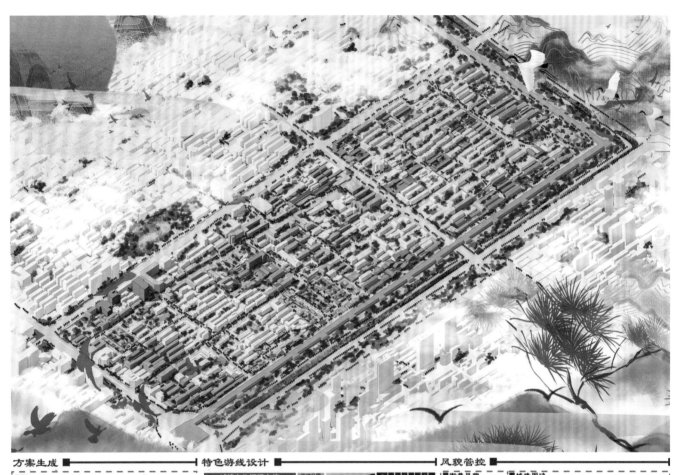

方案生成

破隔断 融路网
破高差 融墙城
破差异 融新旧
破封闭 融肌理
破静态 融活力

设计方案

- 道路交通
- 上层平台
- 空中廊桥
- 功能分区
- 建筑肌理
- 活力植入点

特色游线设计

城墙文化沉浸之旅

运动公园
佛文化展厅
广仁寺
文化活动室
文化体验馆
创意集市

文玩市场　穿校公园　创客工坊　文化剧场

以城墙为触媒，为不同需求提供多空间。

城墙文化展览体验馆　创意市集　节点效果②

绿色康养休闲之旅

运动公园
老年公园
花鸟俱乐部
老年俱乐部
休闲公园
社区健身馆
艺术馆
社区服务站

以青年路为核心打造全年龄康养轴。

老年公寓　休闲公园　节点效果②

绿色康养休闲之旅

画室
文化剧场
文化展览会馆
创客工坊
社区图书馆

平屋顶建筑沿青年路两侧分布，予以保留。

历史俱乐部　社区会客厅　节点效果①

串联竖巷历史文化，承载基地故事。

社区图书馆　文化展示馆　节点效果②

风貌管控

街巷风貌

采取一店一招的形式统一招牌样式

立面颜色 建筑色彩主色调 建筑色彩点缀色 建筑材质

城墙周边

居高临下的视觉冲击　空间与距离协调　厚重感

建筑风貌

广仁寺

西安事变纪念馆

广仁寺以红墙灰瓦为主，并用黄色以及院内种植树木的绿色作为点缀。西安事变纪念馆青砖灰瓦，典型的民国风格建筑，用灰色和米黄色的转石作为建筑立面的材料。

地块内居住区

除普通居住区外，还有很多属于行政单位的家属院。

新建商业街等

沿城墙建筑宜采用坡屋顶，为了提高通达性和视野的开阔性，选择平坡结合的屋顶形式。建筑色彩和材质无需，现代和传统风格相结合，从空间上体现过渡。

屋顶形式

平屋顶
普通坡屋顶
建筑坡屋顶
公共建筑坡屋顶

平屋顶建筑沿青年路两侧分布，予以保留。

城墙周边建筑宜采用坡屋顶，结合连廊以及公共建筑，将坡屋顶的形式进行变换，破除城墙的界限感，促进其与周边环境的融合。

可以腾退的建筑严格遵循历史文化名城保护中的9m限高要求。

沿城墙加建坡屋顶。坡屋顶有不同样式与连廊相呼应。

建筑高度

混合高度	现代风貌片区	风貌融合片区	老城风貌片区	小尺度	大尺度	混合	混合尺度
				沿街商业	居住区	办公建筑	高度控制

高度控制

城墙范围　探访之路　　　　　结合空中慢行步道，对建筑高度进行适当调整，并对建筑进行立面和屋顶的改造，在个别平屋顶上建造绿色农场，并沿青年路打造都市井康养之路。

新建建筑高度控制在9m以内，保持传统建筑风貌，并沿街打造开放公园、文创空间等公共空间。

通过慢行系统串联大尺度空间，形成连续公共空间网系统，旨在为基地人群提供绿色、健康的体验。

北立面图　天际线

创意市集　居住区　城墙文化展览体验馆、体验馆　居住区

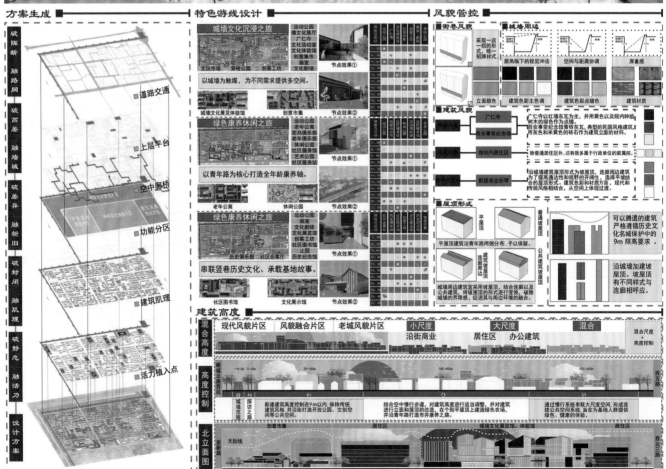

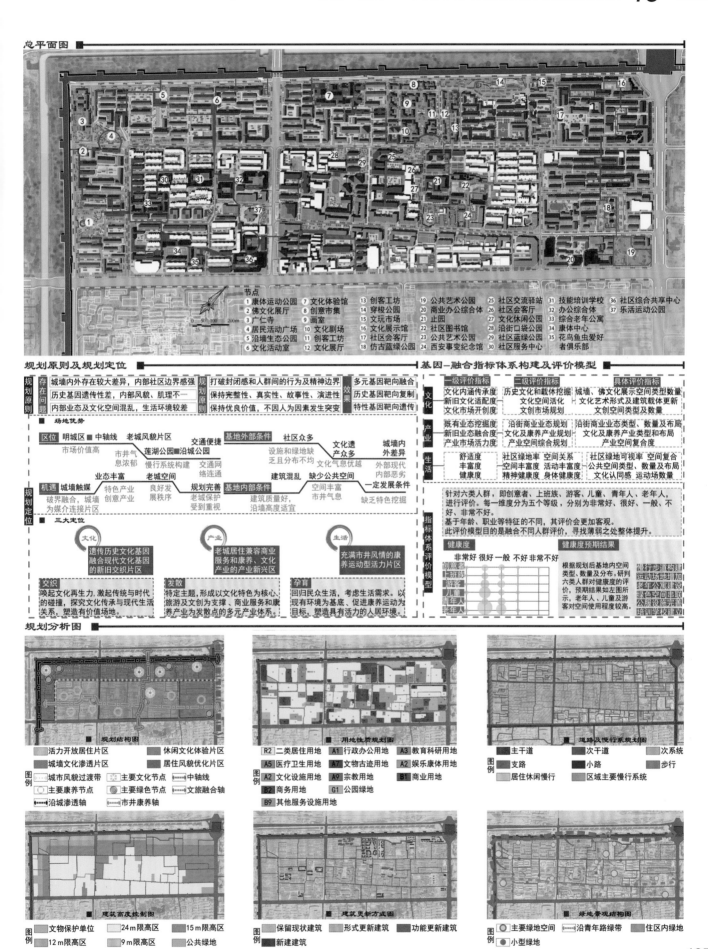

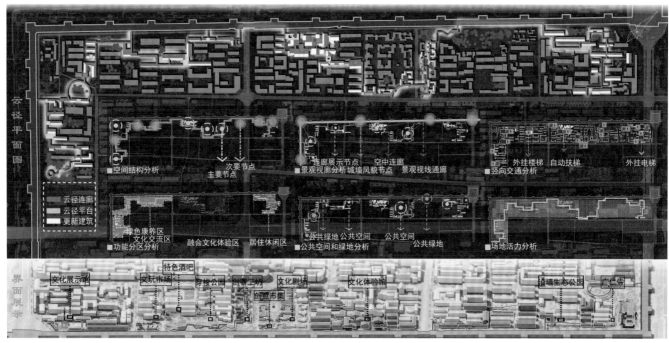

云径平面图

- 空间结构分析
- 主要节点　次要节点
- 连廊展示节点　空中连廊
- 景观视廊分析城墙风貌节点　景观视线通廊
- 竖向交通分析
- 外挂楼梯　自动扶梯
- 外挂电梯

图例：
- 云径连廊
- 云径平台
- 更新建筑

- 绿色康养区
- 文化交流区
- 功能分区分析　融合文化体验区　居住休闲区
- 公共绿地公共空间　公共空间
- 公共空间和绿地分析　公共空间　公共绿地
- 场地活力分析

界面展示

文化展示馆　特色酒吧　文玩市场　穿梭公园　创客工坊　文化剧场　文化体验馆　沿墙生态公园　广仁寺
创意市集

云径设计与人群选择

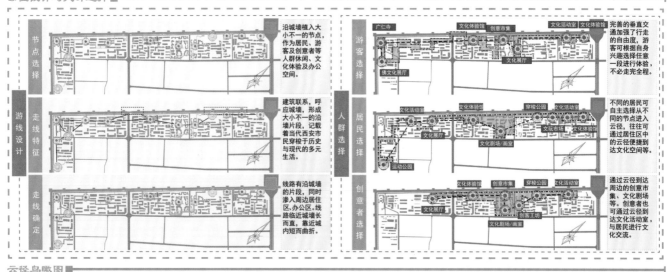

| 节点选择 | 沿城墙植入大小不一的节点，作为居民、游客及创意者等人群休闲、文化体验及办公空间。 |

| 游线设计 — 走线特征 | 建筑联系，呼应城墙，形成大小不一的沿墙片段，记载着当代西安市民穿梭于历史与现代的多元生活。 |

| 走线确定 | 线路有沿城墙的片段，同时渗入周边居住区，办公区。线路临近城墙长而直，靠近城内短而曲折。 |

游客选择　广仁寺　文化体验馆　创意市集　文化活动室　文化体验馆　佛文化展厅　文化展厅
完善的垂直交通加强了行走的自由度，游客可根据自身兴趣选择任意一段进行体验，不必走完全程。

居民选择　文化活动室　文化体验馆　穿梭公园　文化活动室　文化展厅　文玩市场　文化体验馆　文化剧场/画室　运动公园
不同的居民可自主选择从不同的节点进入云径，往往可通过居住区中的云径便捷到达文化空间等。

创意者选择　文化体验馆　创意市集　穿梭公园　文化活动室　文化展厅　创客工坊　文化剧场/画室
通过云径到达周边的创意市集、文化剧场等。创意者也可通过云径到达文化活动室，与居民进行文化交流。

云径鸟瞰图

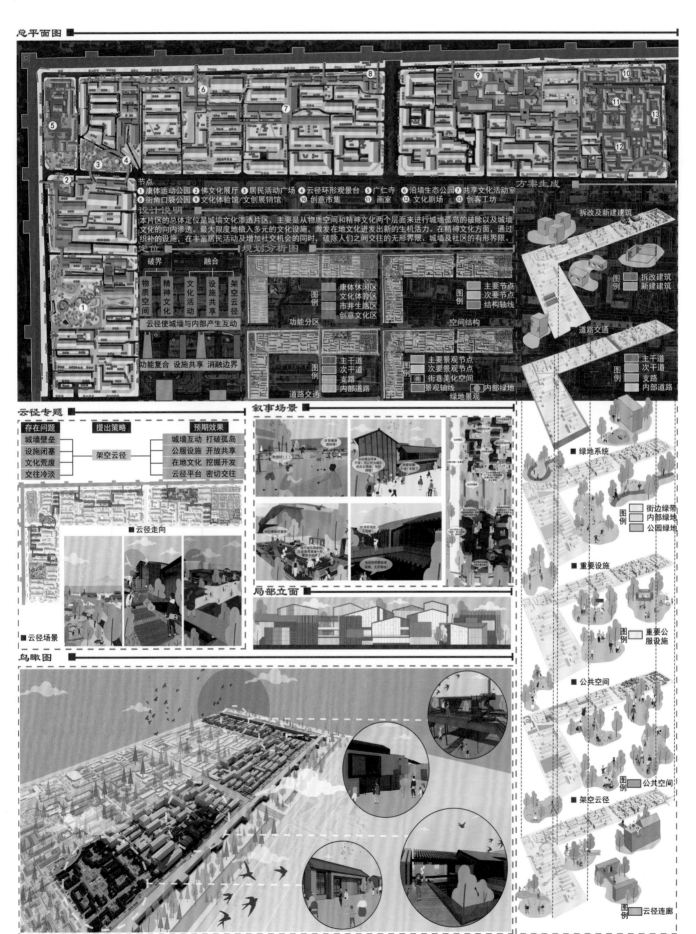

总平面图

节点
① 康体运动公园 ② 佛文化展厅 ③ 居民活动广场 ④ 云径环形观景台 ⑤ 广仁寺 ⑥ 沿墙生态公园 ⑦ 共享文化活动室
⑧ 街角口袋公园 ⑨ 文化体验馆/文创展销馆 ⑩ 创意市集 ⑪ 画室 ⑫ 文化剧场 ⑬ 创客工坊

设计说明

本片区的总体定位是城墙文化渗透片区,主要是从物质空间和精神文化两个层面来进行城墙孤岛的破除以及城墙文化的向内渗透。最大限度地植入多元的文化设施,激发在地文化迸发出新的生机活力。在精神文化方面,通过织补的设施、在丰富居民活动及增加社交机会的同时,破除人们之间交往的无形界限、城墙及社区的有形界限。

规划分析图

方案生成

拆改及新建建筑

道路交通

绿地系统

重要设施

公共空间

架空云径

云径专题

叙事场景

局部立面

鸟瞰图

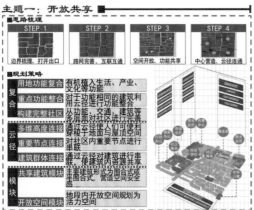

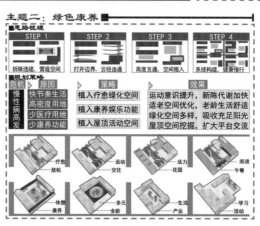

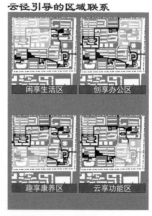

城乡有机更新设计 **教学探索与实践**

框架演绎

方案生成

方案解析

主题一：开放共享

主题二：绿色康养

云径引导的区域联系

闲享生活区　创享办公区

趣享康养区　云享功能区

鸟瞰图

故事延续

140

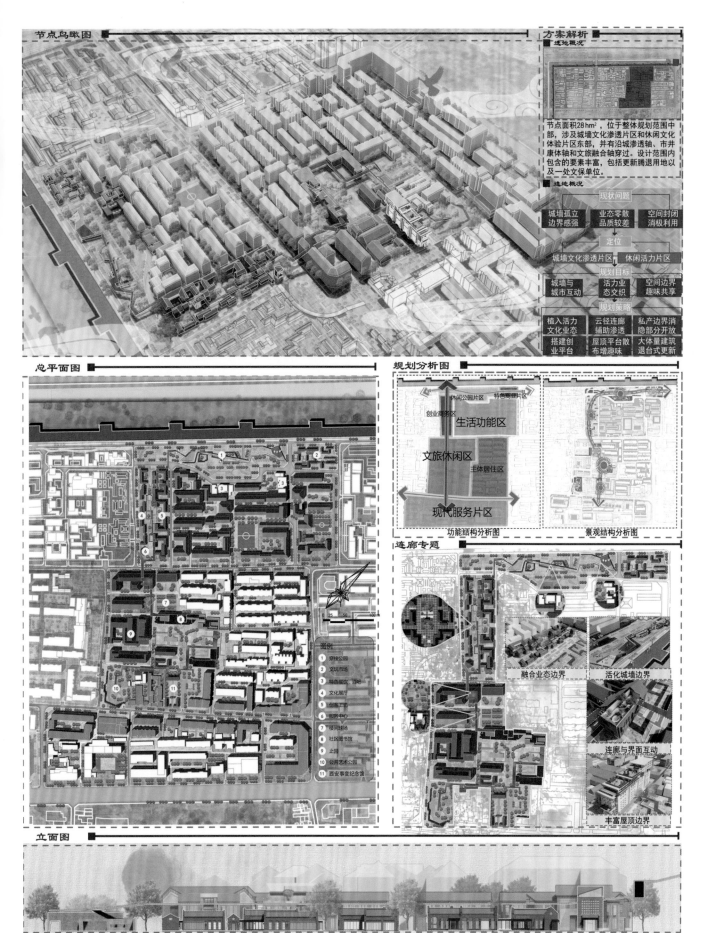

节点鸟瞰图

方案解析

选地概况

节点面积28hm²，位于整体规划范围中部，涉及城墙文化渗透片区和休闲文化体验片区东部，并有沿城渗透轴、市井康体轴和文旅融合轴穿过。设计范围内包含的要素丰富，包括更新腾退用地以及一处文保单位。

选地概况

现状问题
| 城墙孤立边界感强 | 业态零散品质较差 | 空间封闭消极利用 |

定位
| 城墙文化渗透片区 | 休闲活力片区 |

规划目标
| 城墙与城市互动 | 活力业态交织 | 空间边界趣味共享 |

规划策略
| 植入活力文化业态 | 云径连廊辅助渗透 | 私产边界消隐部分开放 |
| 搭建创业平台 | 屋顶平台散布增趣味 | 大体量建筑退台式更新 |

总平面图

图例
1 穿梭公园
2 文玩市场
3 特色餐饮、酒吧
4 文化展厅
5 创客工坊
6 服务中心
7 楼间球场
8 社区图书馆
9 庄园
10 公共艺术公园
11 西安事变纪念馆

规划分析图

休闲公园片区　特色商业片区
创业商务区
生活功能区
文旅休闲区
主体居住区
现代服务片区

功能结构分析图　　景观结构分析图

连廊专题

融合业态边界　　活化城墙边界

连廊与界面互动

丰富屋顶边界

立面图

17

老城自救指南

基于"韧性＋，＋韧性"理念的菜市口片区老城更新设计

学　　生：陈艺含　翟涛　狄鸥彤
年　　级：2017 级
指导教师：荣玥芳

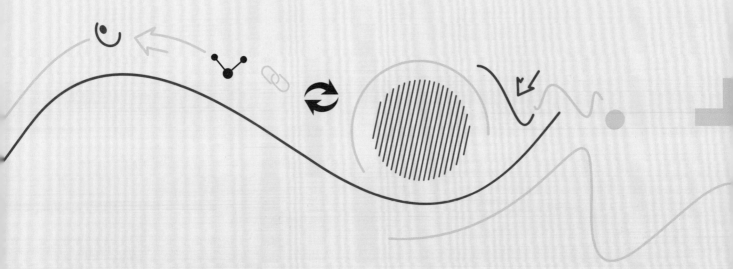

1. 区位概况

西城区位于北京两轴交汇处，也是落实首都功能的核心区域。

基地位于内环路西南城市形象节点，起到串联北京西南部众多城市地标和历史节点的作用，同时被两条地铁线路贯穿。

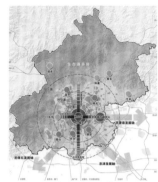

北京市区位

菜市口地块区位

上位规划分析

地块周边分析

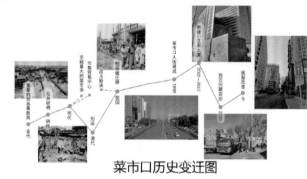

菜市口历史变迁图

金代的菜市口是重要的贸易集散地与货物出入口。明末，菜市口被用于屯兵纺绵，到清朝时逐渐发展为京城最大的市集贸易中心。菜市口成为进京商人和举子必经之路。由于菜市口是闹市，清朝常在此对犯人进行行刑。民国后，行刑改为枪决，刑场搬迁至天桥附近。

2. 现状分析

基地位于广安门内、牛街、椿树、陶然亭四个街道的交界处，总用地规模约为 27.5 公顷。

地块西北部，有广阳谷城市森林公园及大片宣西危旧平房，大部分建筑已拆除。

地块东北部，以棉花片平房为主，有少量办公建筑和酒店建筑。保留古树一棵。

地块西南部，基本为建成区域，以产业、居住功能为主。

地块东南部，保留市级文物保护单位康有为故居，保留古树一棵。其余地上建筑已拆除。

胡同乱象分析图

领域类：台阶、雨棚、围合庭院、下沉空间
占用类：临时摊位、外置桌椅、杂物、临时加建
障碍类：隔离桩、晾晒衣物、巷道楼梯、实墙
功能类：菜场场位、市政设施、花坛、外置楼梯

活动时间	主要人群	特征	需求	空间
	游客	偏好游览类的非日常化场所	健身锻炼	市集商业
	儿童	作息规律，需要家长陪同活动	文化体验	参观展览
	上班族	工作忙碌，休闲时间固定且集中	休闲娱乐	演艺剧场
	老年人	休闲时间多，活动范围小，社交以家人、邻居为主	散步遛弯	都市农园
	居民	生活在场地内，生活起居日常化	购物餐饮	公园广场
	商贩	下午和夜间活动较多，交通出行和释压需求大	工作学习	文艺展馆
	学生	需要放松与交流学习空间	亲近自然	连续步道
			商品售卖	办公空间
			服务体验	文教空间

休息　就餐　工作学习　游憩

00:00　12:00　24:00

街区系统韧性缺失

空间要素	文化要素	经济要素	社会要素	防灾要素
·城市空间破碎严重	·历史文脉日渐衰弱	·产业结构不合理	·居民需求与现状冲突	·灾害抵抗和恢复能力较差
·城市节点形象较差	·名人故居保护不足	·产业规模不大	·街区管理需提升	·防灾避难空间不足
·交通紊乱，人车混行	·文化内涵逐渐丧失	·未形成特色产业品牌	·周边发展差距凸显	·地块空间系统性较差
·公共开放空间不足				

3. 规划理念

韧性城市，是指一座城市具有在面临各种风险时，能够有效预测、应对并从中恢复的综合能力，同时通过合理调配资源，将各类风险带来的损失降到最低，确保城市各方面的基本运转。

"韧性+，+韧性"环是织补老城破碎空间、重塑老城生机活力的可行方法。其中，空间是基础，文化显特色，社会作保障，经济生动力，防灾保安全。

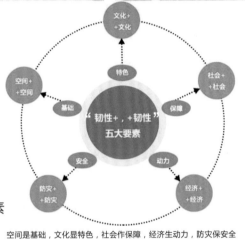

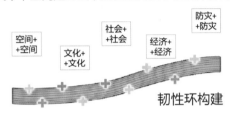

韧性环构建　　　"韧性+，+韧性"要素

空间是基础，文化显特色，社会作保障，经济生动力，防灾保安全

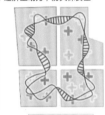

现状街区　　　植入"韧性+，+韧性"锚点　　　形成"韧性+，+韧性"环

现状街区韧性断裂　　植入"韧性+，+韧性"锚点　　形成"韧性+，+韧性"环

4. 规划策略

选择建筑形体　　进行点式搭接　　围合成为建筑组合　　平台设计　　选择位置

平房顶加盖坡屋顶　　利用灰空间处理私自加盖　　加固传统建筑的屋顶结构　　选择建筑　　确认下单

平屋顶造成风貌不协调　　改坡屋顶进行协调　　增加栅格，强化序列　　组合完成

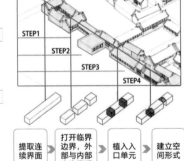

STEP1 STEP2 STEP3 STEP4

提取连续界面 → 打开临界边界，外部与内部产生联系 → 植入入口单元 → 建立空间形式

拆除　拆除屋面上简易附属物。

控制　改建地段内的违章超限高建筑。

融入　不同风格地段融入相似元素，形成整体风貌。

改造　局部地段采用平改坡的屋顶处理方式，更换立面材料及加设雨棚。

打通

拆除老旧建筑，打通堵塞道路，增加道路通畅性。

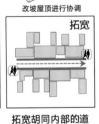

拓宽

拓宽胡同内部的道路，营造良好的步行空间。

入口引导

对路口建筑进行指引性改造，增添路牌引导。

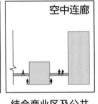

空中连廊

结合商业区及公共绿地，打造空中廊道。

丰富业态

丰富胡同内建筑的使用功能。

交通梳理

梳理并打通现状道路系统中存在的断头路。

隔景

采用隔景的景观布置手法，达到虚实结合的效果。

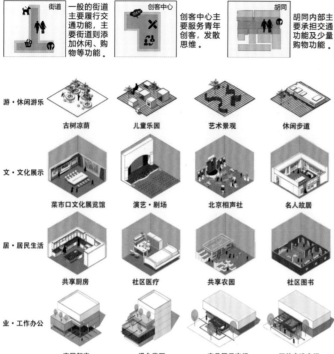

空间改造采用模块化设计,增加业态种类与数量,增设绿地景观场所,提高公共空间活力与可停留度。
打造点状口袋微空间,通过不同表现形式将地块的文化、艺术特色展现出来。
打造游、文、居、业四类主题空间触媒,增强整体空间韧性。具体分为休闲游乐空间、文化展示空间、居民生活空间和工作办公空间。

胡同院落
公共功能的胡同院落,随着一天时间的变化,能实现博物馆、茶社、相声社等不同的功能。

街角空间
街角的微空间能够根据时间变化,在白天成为休闲广场,在晚上成为娱乐放松的室外剧场。

楼前空间
楼前空间能够根据时间变化,在白天成为出入广场,在晚上成为临时停车空间。

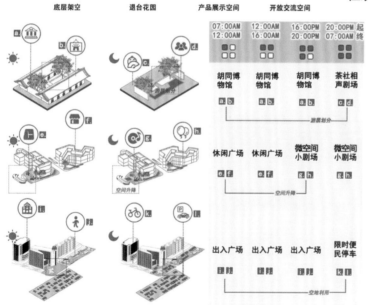

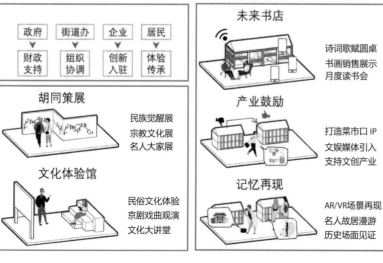

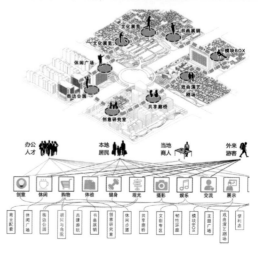

5. 方案生成

韧性环打造

原点：对现状进行梳理，对有价值的节点进行保护，城市进行渐进式更新。
锚点：以新增五类韧性锚点为契机，置入公共建筑和场所，让街区有机生长。
梳脉：对场地人行交通、车行交通进行梳理，以韧性锚点为触媒，构建城市韧性脉络。
成环：形成活动丰富、串联场地的慢行步道韧性外环和彰显形象、疏解人行交通的立体观景廊桥韧性内环。

✚ 空间锚点　✚ 文化锚点　✚ 社会锚点　✚ 经济锚点　✚ 防灾锚点　◯ 韧性外环　◯ 韧性内环

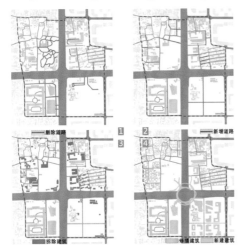

方案生成步骤图

拆除

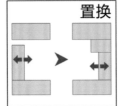

置换

新增

更新
原有居住生活交流
更新后休闲娱乐交流

提质

保护

方案生成图

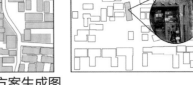

生态栖所（西北）
1. 文化展示廊
2. 未来社区书店
（防灾宣传教育）
3. 公共澡堂
4. 社区服务
（临时避难隔离点）
5. 申请式退租中心
6. 口袋公园
7. 会馆文化展馆
8. 多功能社区模块
9. 菜市口文化 IP 中心
10. 广安东社区居委会
（防灾防疫指挥中心）
11. 110kV 变电站
12. 广阳谷城市公园
（临时防灾防疫场地）
13. 地铁口
14. "韧性 +" 环廊
产居共融（西南）
31. 宗教文化展示空间
32. 街边公园
（潮汐停车场）
33. 枫桦豪景小区
34. 移动大厦
35. 中融信托大厦

文化群落（东北）
15. 萧长华故居
16. 胡同幼儿园
17. 施愚山故居
18. 故居记忆体验馆
（防灾宣传教育）
19. 荀慧生故居
20. 中宣部办公大楼
21. 健身活动场地
（临时防灾场地）
22. 街区健身中心
23. 精品酒店
24. 街区文化中心
25. 叶盛兰故居
26. 密闭式清洁站
27. 古树空间
28. 养老服务驿站
29. 戏曲相声剧场
（防灾物资存储点）
30. 民族觉醒文化馆
创融智谷（东南）
36. 金科枢纽
37. 米市胡同 21 号
38. 康有为故居
39. 治安派出所
40. 街区更新展馆
41. 创享广场
42. 科创围院
43. 共享廊桥
44. 品牌体验中心
45. 元创实验室
46. 人才交流中心
47. 线性公园
（潮汐停车场）

	R2	二类居住用地
	R3	三类居住用地
	A1	行政办公用地
	A2	文化设施用地
	A3	教育科研用地
	A5	医疗卫生用地
	A6	社会福利用地
	A7	文物古迹用地
	B1	商业用地
	B2	商务用地
	U1	供应设施用地
	U2	环境设施用地
	S4	公交场站用地
	G1	公园绿地
	G2	防护绿地
	G3	广场用地
	- - -	规划范围

宜居康养区　文保提质区

产居共融区　文创金融区

用地构成规划图　　**植物疗愈五感分析**　　**规划结构图**

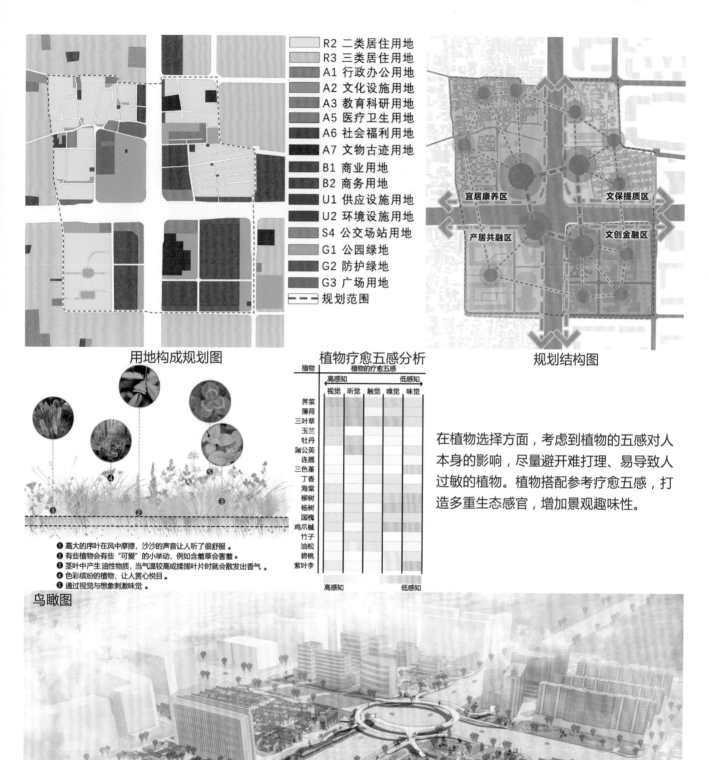

植物疗愈五感分析

植物	植物的疗愈五感				
	高感知				低感知
	视觉	听觉	触觉	嗅觉	味觉
荠菜					
薄荷					
三叶草					
玉兰					
牡丹					
蒲公英					
连翘					
三色堇					
丁香					
海棠					
柳树					
杨树					
国槐					
鸡爪槭					
竹子					
油松					
碧桃					
紫叶李					

高感知　　低感知

❶ 高大的序叶在风中摩擦，沙沙的声音让人听了很舒服。
❷ 有些植物会有些"可爱"的小举动，例如含羞草会害羞。
❸ 茎叶中产生油性物质，当气温较高或揉搓叶片时就会散发出香气。
❹ 色彩缤纷的植物，让人赏心悦目。
❺ 通过视觉与想象刺激味觉。

在植物选择方面，考虑到植物的五感对人本身的影响，尽量避开难打理、易导致人过敏的植物。植物搭配参考疗愈五感，打造多重生态感官，增加景观趣味性。

鸟瞰图

6. 节点场景

"韧性 +" 环廊平面图

"韧性 +" 环廊鸟瞰图

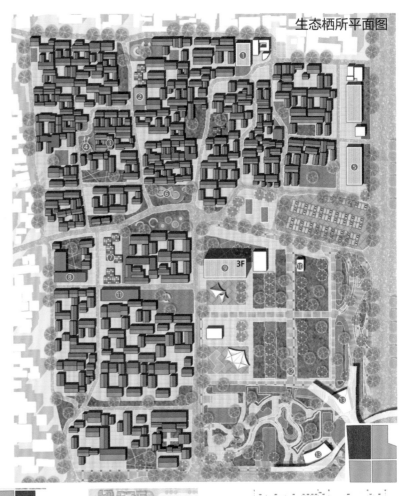

生态栖所平面图

文化群落区位图

文化群落平面图

挖掘场地文化内涵，依托众多名人故居和文化场所，打造菜市口文旅品牌，延续场所精神，复兴街巷味道。

戏曲相声剧场区位分析图

一层平面图

二层平面图

戏曲相声剧场节点分析

广阳谷城市森林公园区位图

洁净、低成本雨水净化再利用

海绵城市生态技术

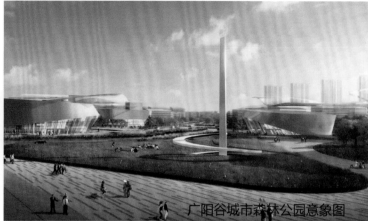

广阳谷城市森林公园意象图

科创围院区位图

科创围院为企业提供发展壮大的创新平台。企业可以在此成长、学习、彼此受益，较大的空间尺度同立体的空间平面结合起来，成为企业快速发展壮大的理想沃土。

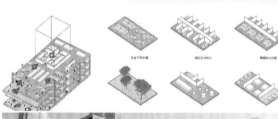

空间意向

创享广场区位图

创享广场为场地人群提供交流、学习的户外空间，体验独特的科技展览都会在此展开。将康有为故居与共享空间结合起来。

空间意向

金科枢纽区位图

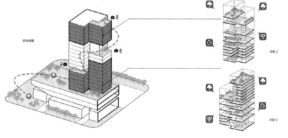

8:00AM，送儿子去胡同幼儿园上学。

10:00AM，父母到广阳谷城市森林公园运动。

13:00PM，小明和朋友到会馆文化馆参观。

16:00PM，小明到办公区的廊桥放松身心。

18:00PM，小明散步到此观赏美景和灯光秀。

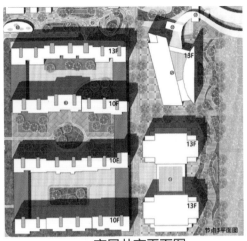

产居共享平面图

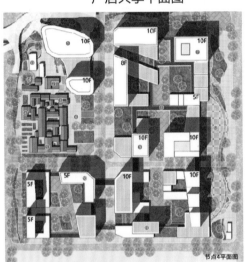

创融智谷平面图

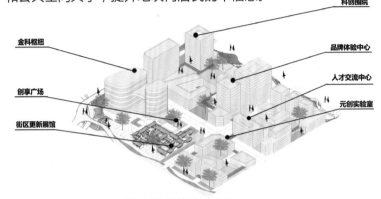

产居共享节点分析图

打造空间共享的宜居、宜业家园。将居住和办公功能复合，公共服务和公共空间共享，提升地块内居民的幸福感。

创融智谷节点分析图

充分考虑与平房区的肌理和谐，围院式的建筑空间组合汲取了北京四合院的空间语言。不同尺度的合院空间、便捷的空中连廊、垂直方向的公共空间为金融科技人群提供多元的交往空间。

7. 实施保障

近期 → → →	中期 → → →	远期
老城更新 风貌整治	适宜建设 风貌过渡	功能完善 有机更新
近期以北部平房片区和核心轴线更新为主，确定主要核心活力触媒。	中期以更新西南现代区域，提升居住和办公品质为主，核心结构向周边辐射扩散。	远期以建设东南部新区为主，区域联动并形成特色产业链条，打造新增长极。

2022年	2023年	2025年	2030年	2035年
公共空间评估	基础设施完善	立面空间过渡	点线串联激活	后续管理完善

规划师	获取场地信息	规划师	设施改造 智能创新	规划师	胡同景观设计 智慧楼宇建设 街巷入口设计 建筑立面整修	规划师	现状设计跟进 协助社区管理	规划师	运营组织 专业指导
居民	听取居民诉求	政府	落实管理 实施监督	居民	公共参与	居民	直接参与建设 社区维护建设	居民	交流互动 自发管理
企业	招募企业团队	施工	消防系统 电线入地 分时管控	政府	宏观指导	政府	促进多元共建 制定社区公约	政府	政策支持 资金支持

融合·共生

基于绿脉串联的天宁寺二热地区城市更新

学　　生：郑策　赵柏璇　李航程　胡世龙
年　　级：2017 级
指导教师：荣玥芳　林浩曦　张蕊

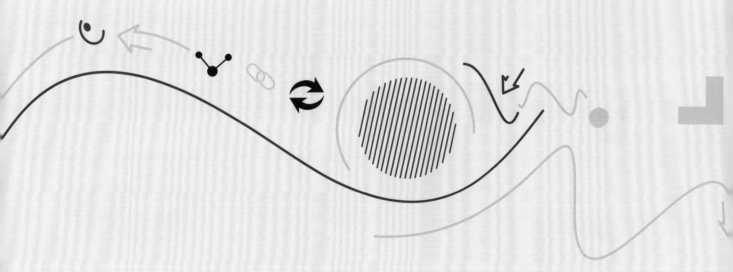

一、现状分析

历史沿革

北京城市总体规划（2016年—2035年）

西便门

图例
- 古都风貌保护区
- 古都风貌协调区
- 现代风貌控制区
- 核心区外建筑风貌与建筑高度管控区
- 绿地、广场及室外公共体育用地
- 水系
- 规划范围

广安门

天宁寺历史脉络

唐代（746—755年）	辽代（1119—1120年）	元代
天宁寺建成。	天宁寺塔建成，护佑南京城的安全。	寺院建筑设于战火之中，只余下天王寺塔耸立在废城之上。

清代	明代宣德十年（1435年）	明代初年
乾隆皇帝敕命对寺院建筑进行大规模的重建和修缮，扩大建筑规模。	修缮后寺名改为天宁寺。	燕王朱棣下令重建寺院建筑，重建后的天宁寺，规模扩大了很多。

1937年	1949年后	1956年	1968年
对天宁寺进行修缮，并在南面立了一块修缮碑。	天宁寺被改作天宁寺小学。	寺内又建了一个纸制品加工厂，后来先后改为北京扑克牌厂、北京唱片厂，接引佛殿被用作工厂的库房。寺内原址被大面积占用。	北京唱片厂在天宁寺前街二号建厂。

2009年	1976年	1972年
在国企改制的大背景下，北京第二热电厂于2009年正式关停，主要生产厂房闲置。	180m高的烟囱于1976年建成，是当时北京市最高的烟囱，形成古塔与烟囱并存的视觉意象。随后，天宁寺塔周围开始新建多层居民楼，形成了天宁寺东里、天宁寺西里等居住组团。	北京第二热电厂选址在天宁寺前街一号。

2015年
"天宁1号"文化科技创新园于北京第二热电厂原址宣告成立。伴随着北京第二热电厂的转型和天宁寺的对外开放，街区开始走向多元文化相互交融的新格局。

现状地区内部建筑分布与景观结构分析图

现状公共服务设施分布图

- 幼儿园
- 小学
- 中学
- 大学

- 养老驿站
- 照料中心
- 敬老院

- 超市
- 商场

- 药店
- 社区医疗
- 诊所
- 医院

人群分析

"天宁1号"文化科技创新园人流主要包括职工、游客。

天宁寺及其附属绿地主要吸引年纪相对较大的游客。

南侧的地块主要为居住小区，小区内居民数量多，老龄化较为严重。

儿童　青年　老年
青年 95%
老年 5%
0%~5%

儿童 10%~15%
青年 15%~20%
老年 60%~70%

人群分析图

业态分析

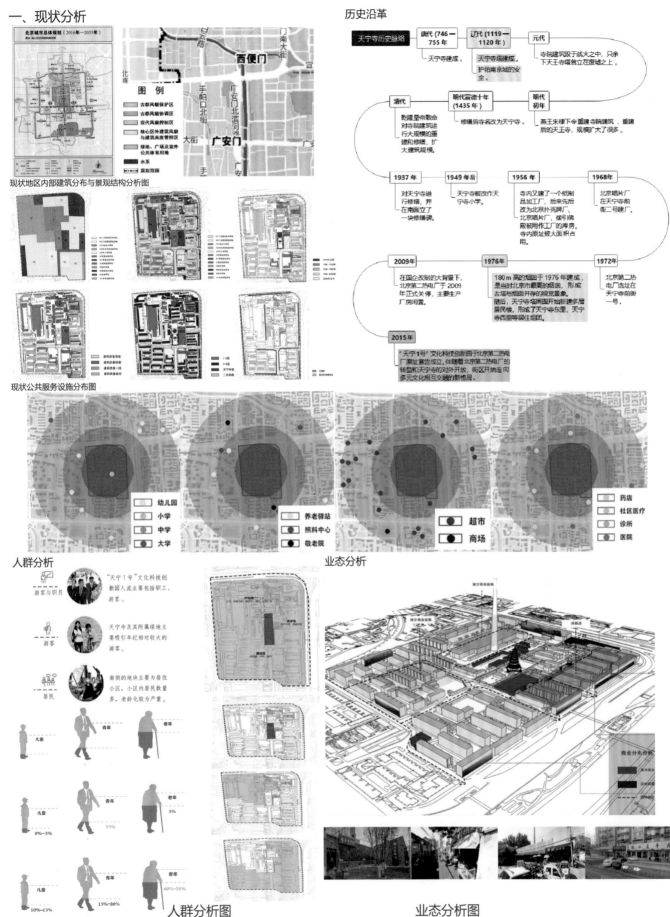

业态分析图

交通分析

图例：快速路 主干道 次干道 交通节点

公交线路 公交站

区域交通分析图

文化分析

 &

文化冲突

Jieba函数分词源代码

```
C:\Users\hasee>python

Python 3.10.2 (tags/v3.10.2:a58ebcc, Jan 17
2022, 14:12:15) [MSC v.1929 64 bit (AMD64)]
on win32

Type "help", "copyright", "credits" or "license"
for more information.

>>> import jieba

>>> jieba.lcut("评论原文输入处")
```
语义分析代码

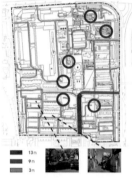 

图例：13m 9m 3m

非机动车停放点 路边非机动车停放

内部交通分析图

天宁1号
停车场：6处
路边停车：无
车位：105个
状态：充足

天宁寺及北京第片厂
停车场：7处
路边停车：有
车位：150个
状态：紧张

居住区
停车场：10处
路边停车：有
车位：325个
状态：紧张

静态交通分析图

静态交通

总体来说，机动车停车位严重不足。尤其居民区内部大多是老旧小区，建设之初并未规划停车位。但是人口密度大，可使用的停车位不足，造成了停车位紧缺，无法满足居民的需求。

词频词云

SWOT 分析

优势分析Strength
1. 地处二环核心区域。
2. 有内部与外部的悠久历史文化背景。
3. 双塔地标性质明显。

劣势分析Weekness
1. 周边居民区老龄化严重。
2. 空间封闭，场地内部沟通少。
3. 公共服务设施不足。
4. 用地空间局促紧张。

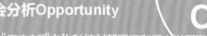

机会分析Opportunity
1. "天宁1号"文化科技创新园还有很大发展潜力。
2. 上位规划将场地列为文化探访路断点。
3. 上位规划将着力建设二环路文化景观带。
4. 上位规划为场地人居环境改善提供了支持。

威胁分析Threat
1. 场地彼此间之间存在着传承与发展的矛盾。
2. 游客、职工与居民之间存在矛盾。
3. 场地改造周期长，消耗资金多。

二、规划策略

融合共生　以绿兴城

用绿脉串联的手法，规划建成社会群体融合共洽，城市空间融合共生，新旧文化和谐共存，经济产业互促共进，人与自然生态和谐共生的天宁寺地区。

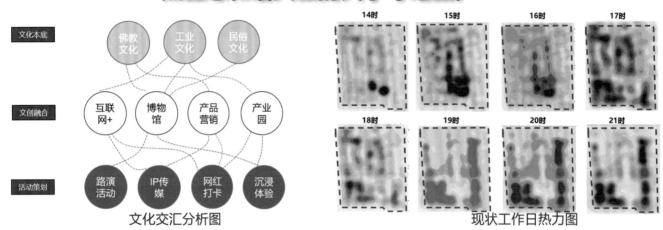

文化交汇分析图　　　　　现状工作日热力图

策略一：文化交汇促融合

①文化探访路串联：用绿脉连通白云观—天宁寺游玩观赏路线，完善文化探访路的连续性。
②定期开展绿色健康骑行活动，环绕天宁寺—二热文创园开展绿色骑行活动，或者进行宣讲活动。设置骑行（非机动车）专属通道，规划两条骑行环线，沿线设置景观休憩节点、宣讲广场和补给售卖机。
③增设抽屉博物馆：科普天宁寺、北京第二热电厂文化历史。
④打造天宁文化IP，依托大众点评、小红书等平台进行宣传。

策略二：活力提升促融合

城市空间的活力因素有空间尺度、交通可达度、公共设施、街道、公共文化活动等。北京的城市吸引力相比较南方大城市严重不足。
地块内部总体活力不足，不同片区人口密度差距很大，并且有明显潮汐现象。清晨和夜间居住片区人口密度很大，工作日上学期间小学密度大。
而场地内其他空间，如地块西侧和北侧，在人口热力图上看属于消极空间。
进行规划后地块内人群分布的模拟，在ArcGIS中使用点数据模拟人群从早6点到晚9点的人口分布，使用核密度分析工具制作人口热力图。
在规划后地块北侧和西侧的大部分空间，通过带状和点状绿地，用绿脉串联的手法，成功地激活和融合了整块场地，将消极空间转化为积极空间。
地块内除了原来的居住区，北京唱片厂、天宁寺、文化科技创新园和棚户区的位置经过城市更新改造以后，不同年龄人群，包括老年人、青年人和儿童，共生融合，成功打造全龄友好的活力社区，激发城市空间活力。

策略三：韧性提升促共生

二热社区属于老旧社区，社区内部功能衰退。在全球变暖，极端恶劣天气频发，社区遭受不确定风险增加的情况下，二热社区内交通系统可能会受到冲击，影响道路交通正常运行，使居民出行不便，甚至造成经济损失。因此可以通过提升二热社区交通系统的韧性来应对各种灾害造成的影响。
通过对二热社区交通系统进行现状韧性交通评价，找到二热社区防灾减灾的薄弱环节，并提出针对性的优化策略。

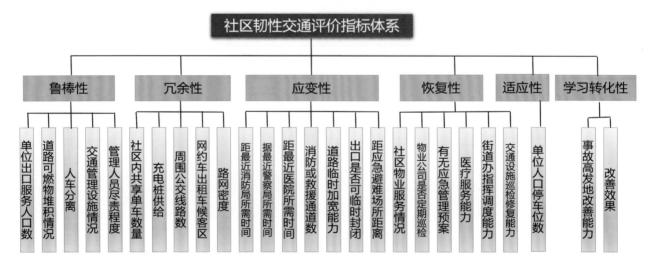

三、总平面图

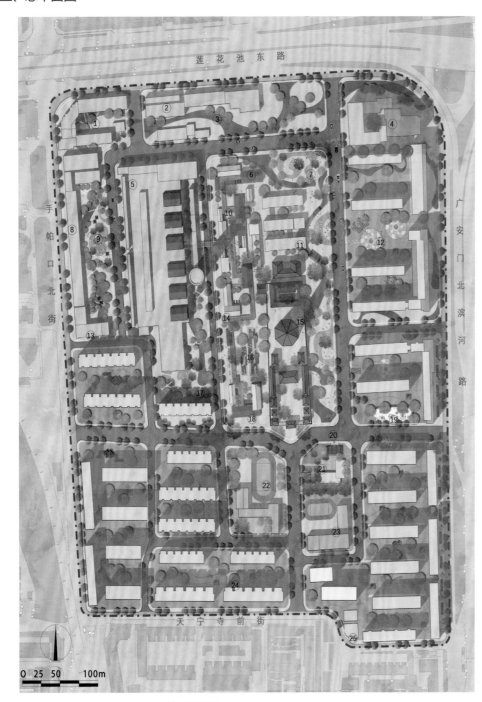

用地平衡表			
用地性质	用地代号	面积 / hm²	比例/(%)
居住用地	R	8.38	34.20
二类居住用地	R2	8.38	34.20
公共管理与公共服务设施用地	A	3.58	14.61
行政办公用地	A1	0.15	0.61
文化设施用地	A2	1.61	6.57
教育科研用地	A3	1.18	4.82
文物古迹用地	A7	0.64	2.61
商业服务业设施用地	B	4.92	20.08
商业用地	B1	1.37	5.59
商务用地	B2	3.55	14.49
道路与交通设施用地	S	3.12	12.73
公共设施用地	U	0.15	0.62
绿地与广场用地	G	4.35	17.76
规划总用地面积		24.50	100.00

① 绿趣城市口袋休闲公园
② 24 小时城市书房
③ 绿脉城市休闲公园
④ 政务办公大楼
⑤ 商业会展综合体
⑥ 天宁文化抽屉博物馆
⑦ 秋枫园城市口袋公园
⑧ 创客 SOHO
⑨ 迎曦绿化公园
⑩ 文化探访步行游廊
⑪ 北京唱片厂
⑫ 宜锦园城市休闲公园
⑬ 老年日间照料中心
⑭ 观塔阁茶室
⑮ 天宁寺塔
⑯ 馨苑全龄友好亲子公园
⑰ 绿岛城市休闲口袋公园
⑱ 老龄文创工坊
⑲ 天宁乐活幼儿园
⑳ 绿色骑行环线
㉑ 共享单车停放点
㉒ 北京小学（天宁寺分校）
㉓ 北京小学（天宁寺分校）东区
㉔ 社区休憩公园广场
㉕ 社区便民商超菜站

总平面图

立面图

南立面图　　　　　　　　　　　　西立面图

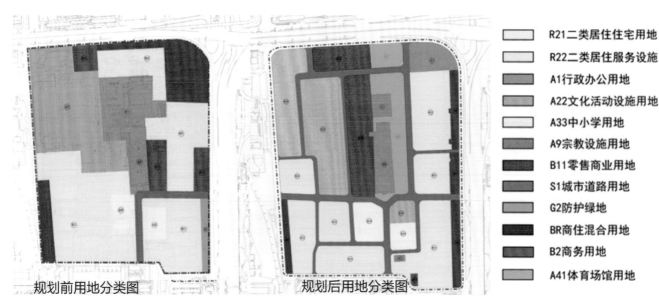

	R21二类居住住宅用地
	R22二类居住服务设施
	A1行政办公用地
	A22文化活动设施用地
	A33中小学用地
	A9宗教设施用地
	B11零售商业用地
	S1城市道路用地
	G2防护绿地
	BR商住混合用地
	B2商务用地
	A41体育场馆用地

规划前用地分类图　　　　规划后用地分类图

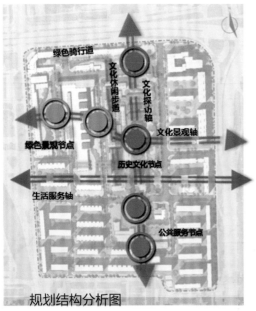

规划结构分析图

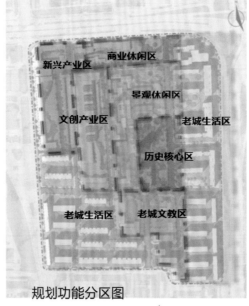

规划功能分区图

规划形成"一环、三轴、五节点"（"一环"为特色环骑路，"三轴"为文化景观轴、生活服务轴、文化探访轴，"五节点"为历史文化节点、文创产业节点、文化休闲节点、公共服务节点、绿色景观节点）和七大片区（老城生活区、老城文教区、历史核心区、景观休闲区、商业休闲区、新兴产业区、文创产业区），中部为核心区，东侧和西南侧为生活区，北部为商业休闲区，西北侧是产业区。

地块中部有一大景观核心区和三大景观主节点，北侧配有文创景观区和沿街景观区，以及多个景观次节点。

保留了原有小学，增设共享自习室、便民菜站、生活性商业设施、幼儿园、社区食堂、养老驿站、特色抽屉文化博物馆、社区图书室等。将公共厕所增设至8个，垃圾收集点增设至18个，实现公共厕所和垃圾收集点全覆盖。

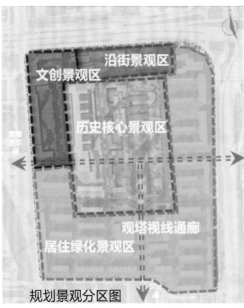

规划景观分区图

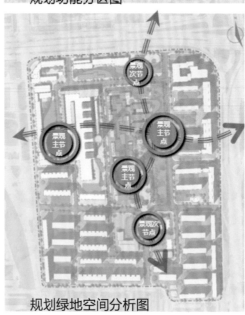

规划绿地空间分析图

四、鸟瞰图

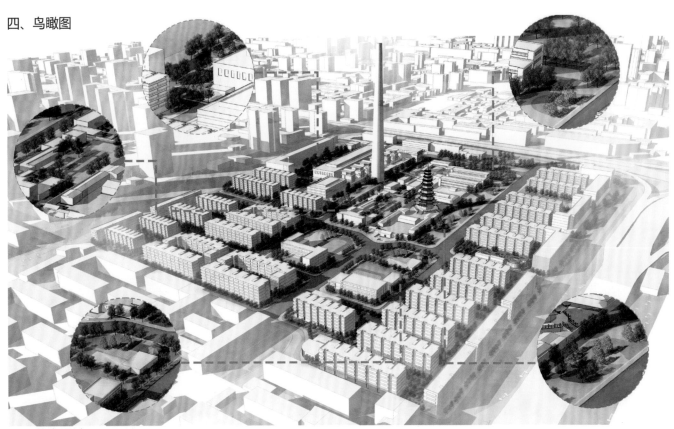

五、节点设计

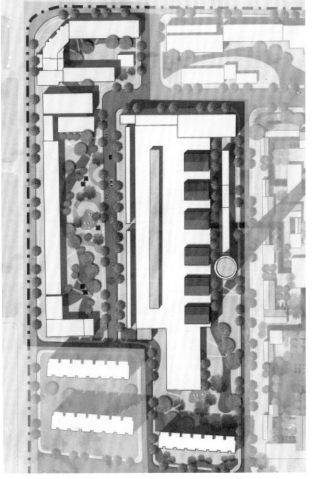

节点鸟瞰效果图

节点内部分析图

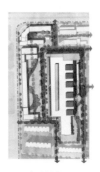

绿地景观轴线　　　　车行流线　　　　主要空间结构轴
主要绿地景观节点　　人行流线　　　　次要空间结构轴
次要绿地景观节点　　　　　　　　　　空间制高点

城乡有机更新设计**教学探索与实践**

节点平面图

节点鸟瞰效果图

幼儿园效果图

幼儿园立面图

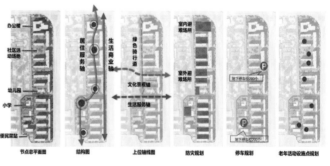

节点规划

生态环境规划

景观体验特色路径连通，提升道路的绿化景观效果，构建景观大道、景观游憩步道、观塔景观长廊、水池步道等特色景观式道路。

结合城市公园和居住区绿地，对树种进行规划，采用常绿加少量落叶树，增加彩色树种和可观花赏果的树种；提升环境空间的"绿视率""花视率"和"美景度"；完善城市天际线，进行建筑色彩风貌控制及标志系统统一设计；合理布局各类雨洪设施，综合构建点、线、面结合的街道雨水景观格局。

绿脉串联形成绿色生态空间，将生态系统空间节点进行耦合，增加植草沟、屋顶花园、雨水花园、垂直立体绿化、透水砖等海绵设施。

铺装材料及结构具有较好的透水性，可采用透水沥青、透水混凝土、透水地砖、砂砾网格与嵌草网格等，主要适用于步行区域、自行车道、路侧停车场地。

孔隙率15% ——————→ 孔隙率90%

透水铺装孔隙率比较

考虑采用透水铺装时，要注意某些设施的孔隙需要经常进行真空清理。 | 砾石和植被系统有较大的孔隙，透水能力强，但需要不定期地收割植被和清理沉淀物。

节点总平面图　　　　　　　生态分析图

节点鸟瞰效果图

循河·寻迹

基于身体元叙事的杨柳青大运河国家文化公园东部片区城市设计

19

学　　生：王旭颖 商瑶 孙宇琪 王雪 张雪婷 李枫妍
年　　级：2017 级
指导教师：王婷

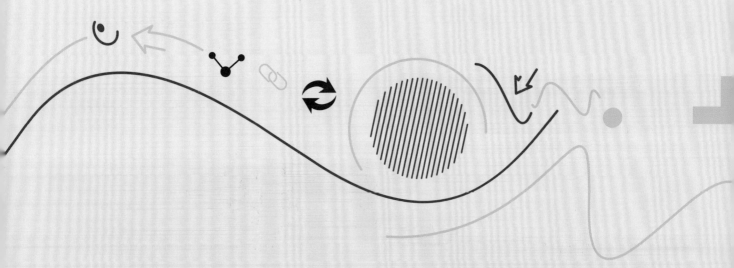

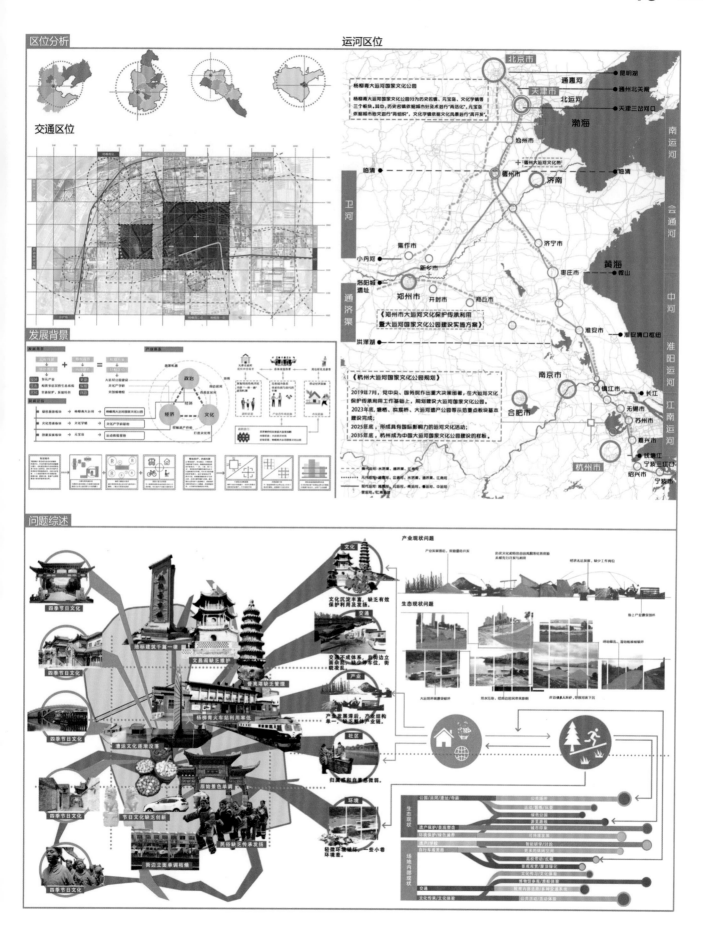

杨柳青历史寻脉

人群分析

人流量分析

人群需求分析

运河演变

基地条件分析

Strength

①大运河历史悠久
②区位交通便利
③文化资源丰富
④杨柳青古镇资源
⑤高校人才资源

Weekness

①人口流失严重
②文化保护待修缮
③体验项目单一
④建筑立面单一
⑤道路不成体系
⑥漕河景观枯燥

Opportunity

①传统文化开发热潮
②大运河全线贯通
③"一带一路"政策支持
④运河北京的区位优势

Threat

①缺乏地域特色
②民居形式不突出
③滨边建筑单一
④功能组团"孤岛效应"
⑤运河水位下降

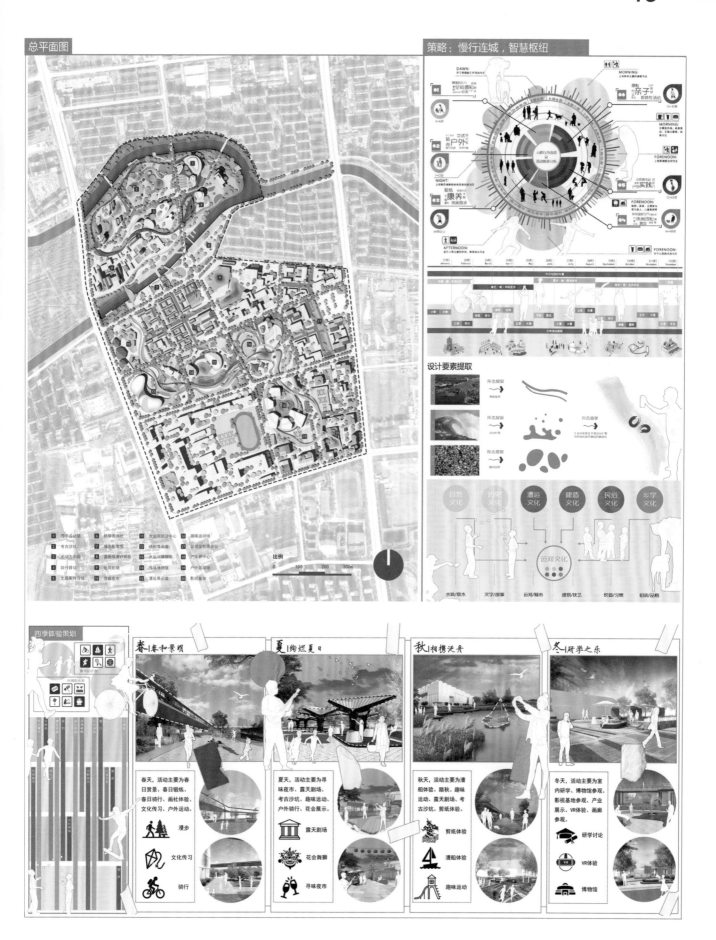

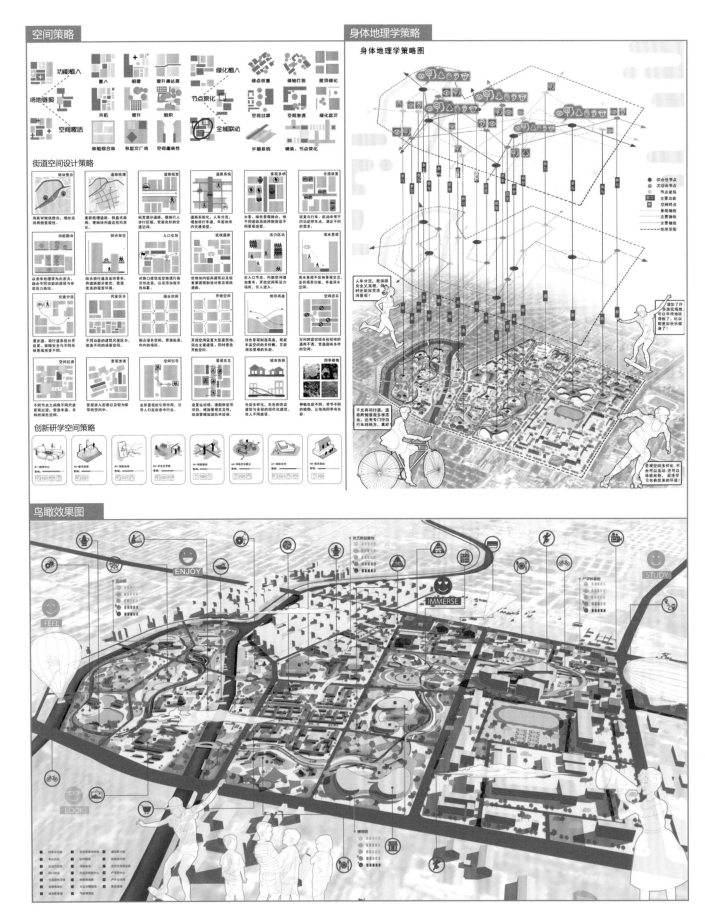

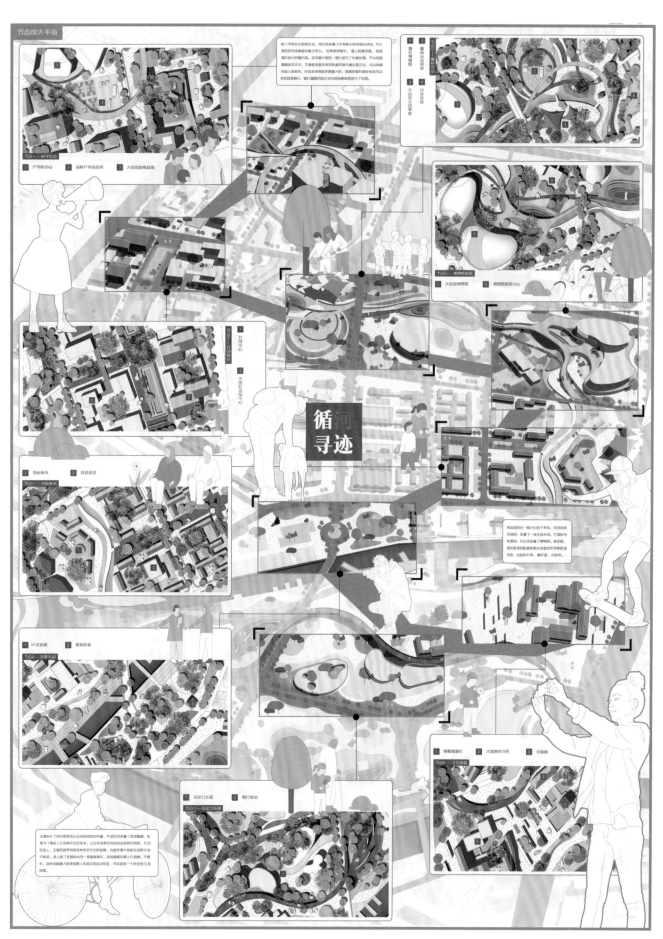

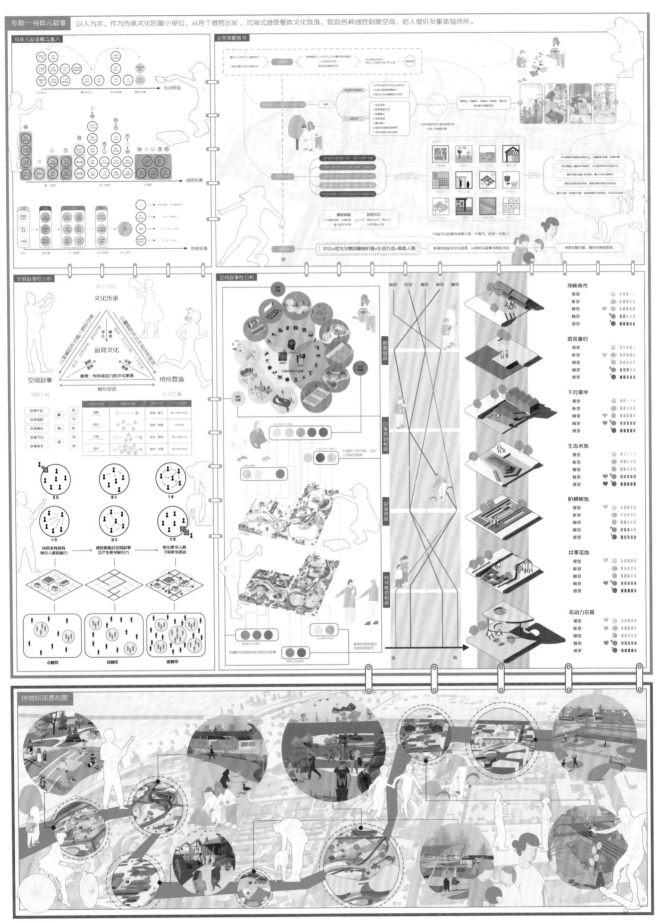

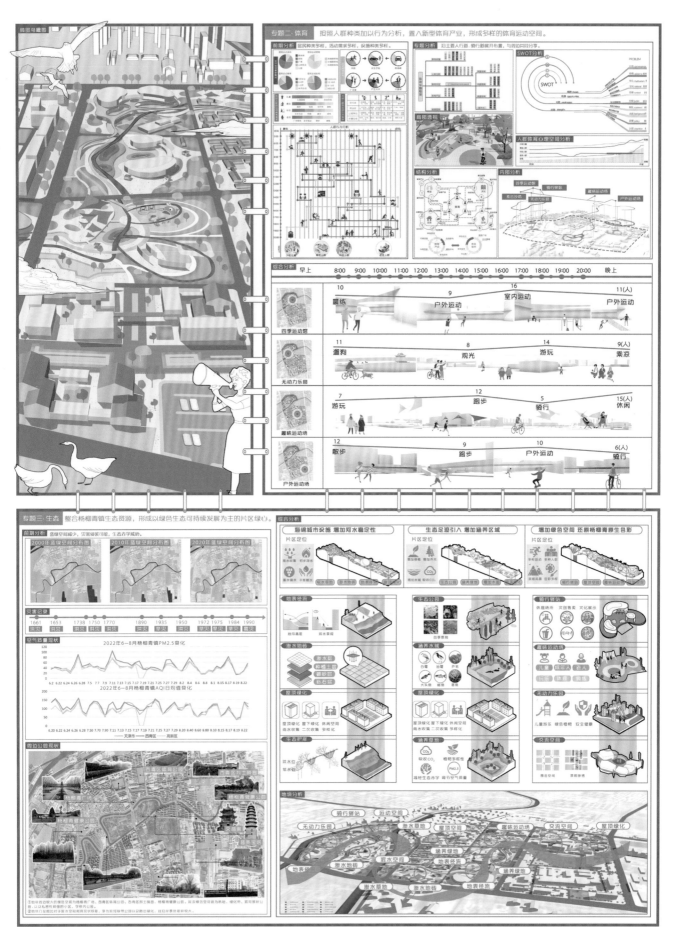

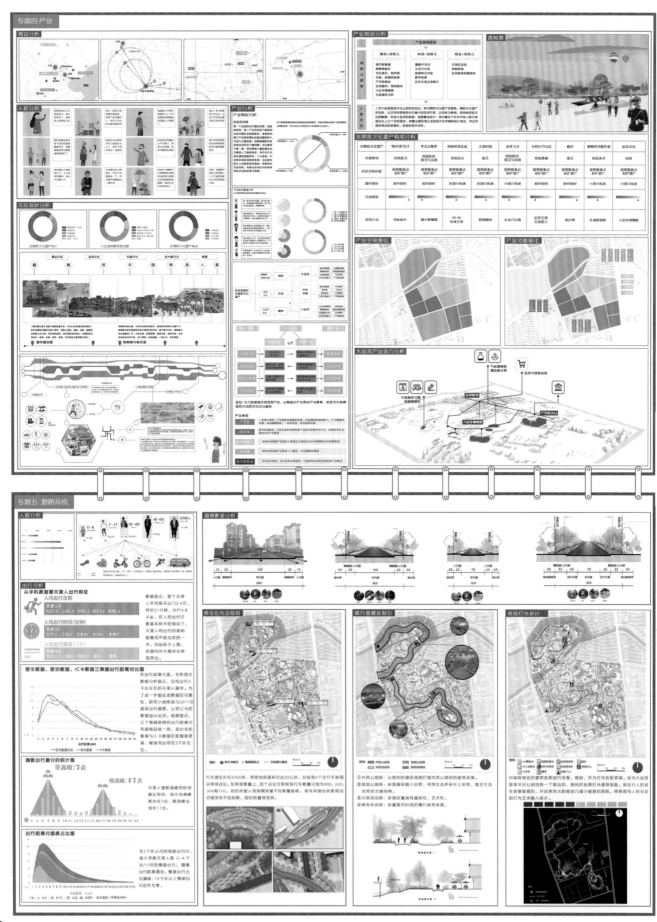

柳岸学社

20

产学融合视角下的大运河国家文化公园
杨柳青段城市设计

学　　生：刘铭昊　何嘉雯　李宇嘉　胡新宁　冯菁　张晨烨
年　　级：2017 级
指导教师：陈志端

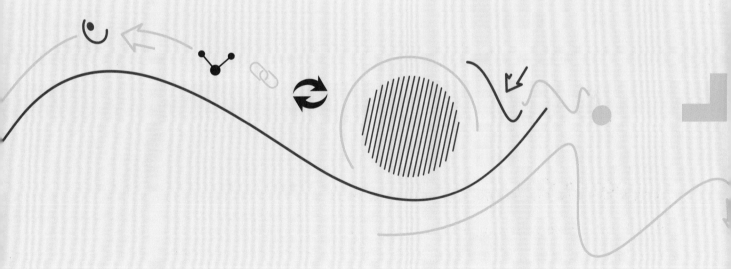

上位规划

京杭大运河世界文化遗产段
运河文化带核心展示园
国家文化公园新标杆
天津西部文化高地
滨河生态空间
城市客厅和活力中心
杨柳青年画发展新助力
文昌阁再现"崇阁漾雨"

上位规划文件

《长城、大运河、长征国家文化公园建设方案》
《天津境内京杭大运河保护与发展规划》
《天津市大运河文化保护传承利用实施规划》
《大运河天津段遗产保护规划》
《杨柳青历史文化名镇保护规划》
《天津市国土空间总体规划（2021—2035年）》

设计地块上位规划要求

历史沿革

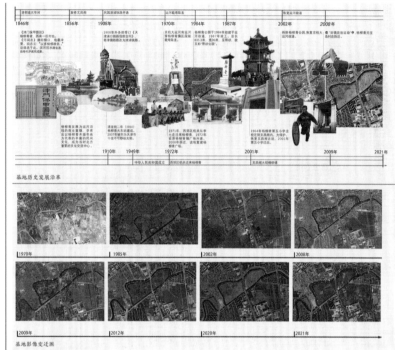

基地历史发展沿革

基地影像变迁图

场地文化提取

场地资源禀赋与地文分析

综合基地历史文化资源禀赋、基地地文分析（高程、坡度、坡向分析），以及历史文献记载等分析，可以溯源场地发展历史与沿革，并挖掘场地"文化基因"，指导场地的未来发展趋势。

将高程分析与清道光年间文献记载对照可知，古时为修筑文昌阁，当地百姓纷纷自发掘土奠基，导致文昌阁地基较周边高，形成元宝岛地段的制高点，周边地势下降，与运河故道连通逐步成为湿地，形成"崇阁漾雨"的历史胜景。除却大运河、文昌阁等物质遗产，基地同时拥有大量的非物质文化遗产，如花灯、木版年画技艺、风筝制作技艺等，尤其是杨柳青木版年画，在中国传统年画文化中具有较高地位，与桃花坞年画并称"南桃北柳"。

场地所具备的文化遗产将成为基地特有的资源禀赋，并与滨河生态空间相融合，实现人文文化与生态文明的互促共进，成为杨柳青镇未来的"运河明珠"。

场地周边分析

片区旅游组团分析

片区交通可达性分析

市域轨道交通或将成为地块与天津站、天津西站和滨海国际机场等区域交通枢纽及主城区热门旅游景点联系的交通"主动脉"。同时场地与西侧廊坊市交通联系较弱，未来可借助胜芳站、杨柳青站等增补客运站加以完善。

设计地块位于天津西部杨柳青民俗文化组团，地处天津市西部旅游资源密集区，是天津市域旅游规划九个文化组团之一。周边旅游资源以人文体验类旅游资源为主，自然生态体验类旅游景点较为匮乏。

场地周边现状

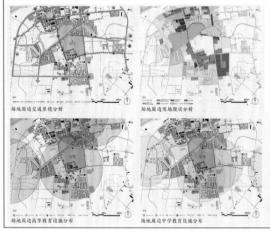

场地周边交通系统分析 　　场地周边用地现状分析

场地周边高等教育设施分布 　场地周边中学教育设施分布

场地周边幼儿园设施分布 　场地周边旅游设施分布 　场地周边市政综合服务设施分布

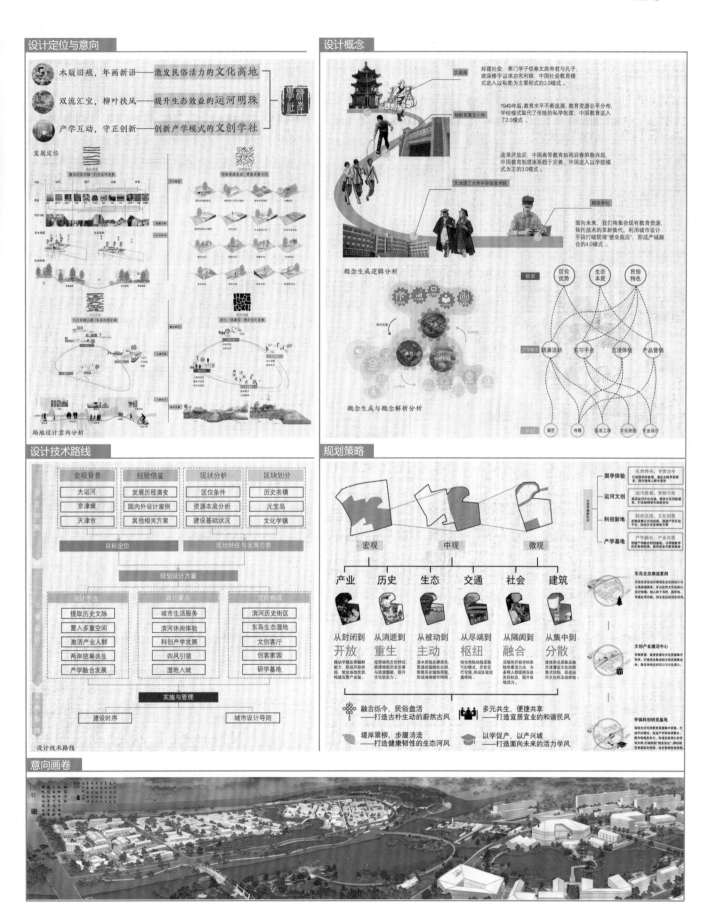

城乡有机更新设计**教学探索与实践**

总平面图

0m 50m 250m

N

"四风"设计

活力学风节点

一方面融合文创产业与教育资源，形成学镇产学研链条双赢模式，推动产学融合进度，提高教育资源共享水平。另一方面结合"学社"空间模式设计多类型的学习空间，提供动静结合、内外结合、学创结合的学习环境。

和谐民风节点

将人才公寓与研创基地进行一体化设计，为文创工作者提供生活、工作、创作、交流高度统一的生活环境，布置丰富多元的交往活动空间、生活服务设施，打造高质量、高水平的文化社群。

生态河风节点

充分挖掘利用大运河历史资源与生态价值。打造大运河博物馆，提供沉浸式体验与交互展示，以古今故事为IP打造运河文化元宇宙，树立运河生态保护意识，开发生态效益，为游客提供集观赏与游学于一体的视听盛宴。

蔚然古风节点

与杨柳青古镇、石家大院等文化遗产相结合，依托天津杨柳青古镇特有传统文化，以元宝岛为核心复刻传统肌理，植入杨柳青年画社、风筝工坊、曲艺舞台等活动项目，赋予传统文化以新活力，提升场地软实力。

规划方案推导

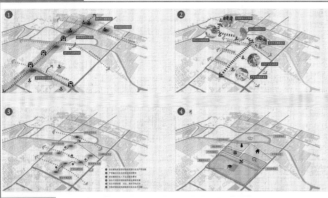

① 依据镇域规划结构在城市生活轴线上打造城市文化创新组团，形成城市发展新引擎。

② 杨柳青古镇和元宝岛形成联动机制，打造完整的民俗特色旅游流线，形成三条活力链。

③ 依据活力链与现状资源本底推导成的设计节点，逐步完善场地功能，形成活动轴线。

④ 根据场地节点以点带面，形成七大功能片区，相互衔接，打造场地活动闭环。

意向画卷

normal172

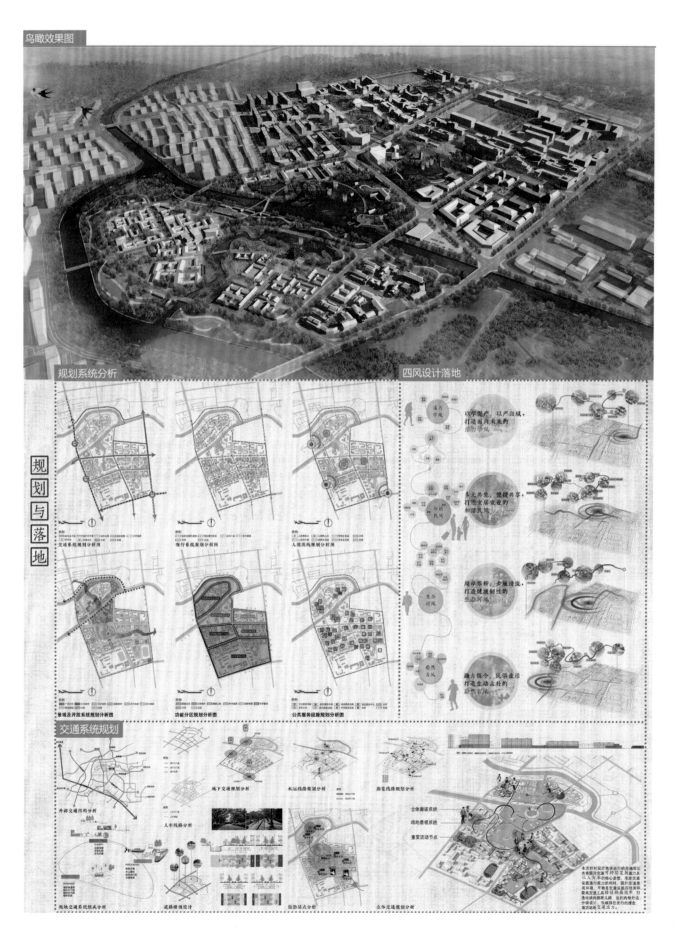

节点总平面图

节点系统规划图

① 休闲驿站　　⑪ 木屋营地
② 文创里　　　⑫ 大街市集
③ 麻文书吧　　⑬ 年画工坊
④ 国学馆　　　⑭ 扎染体验馆
⑤ 国学教室　　⑮ 风筝工坊
⑥ 游客服务中心　⑯ 生态博物馆
⑦ 柳岸汀　　　⑰ 林下书吧
⑧ 曲艺舞台　　⑱ 流口公园
⑨ 杨柳青画社　⑲ 渡口林
⑩ 迎宾草坡　　⑳ 风筝广场

文创商业区　国学课堂区　华社体验区　生态保护区

节点建筑模式分析

古风分析

东岛古风节点

节点方案规划图

国学教室模式分析
杨柳青画模式分析
文创里模式分析

节点景观系统分析图
节点功能分区图
节点人流分析图
节点交通分析图

年轻人　购物　休憩　跑步　约会　食宿　骑行
老年人　锻炼　散步　交流　阅读　食宿　静思
儿童　　食宿　运动　体验　骑行　学习　娱乐

【生态保护】场景
【学社体验】场景
【国学教室】场景
【文创运营】场景

1.生态环境保护　2.两岸渡口　3.滨河骑行
1.传统元素提取　2.空间置入　3.体验模式营造
1.传统礼乐与古风元素　2.版风环境变迁　3.柳岸汀河畔基地
1.文创展空间元素　2.文创项目　3.休闲驿站服务

节点鸟瞰图

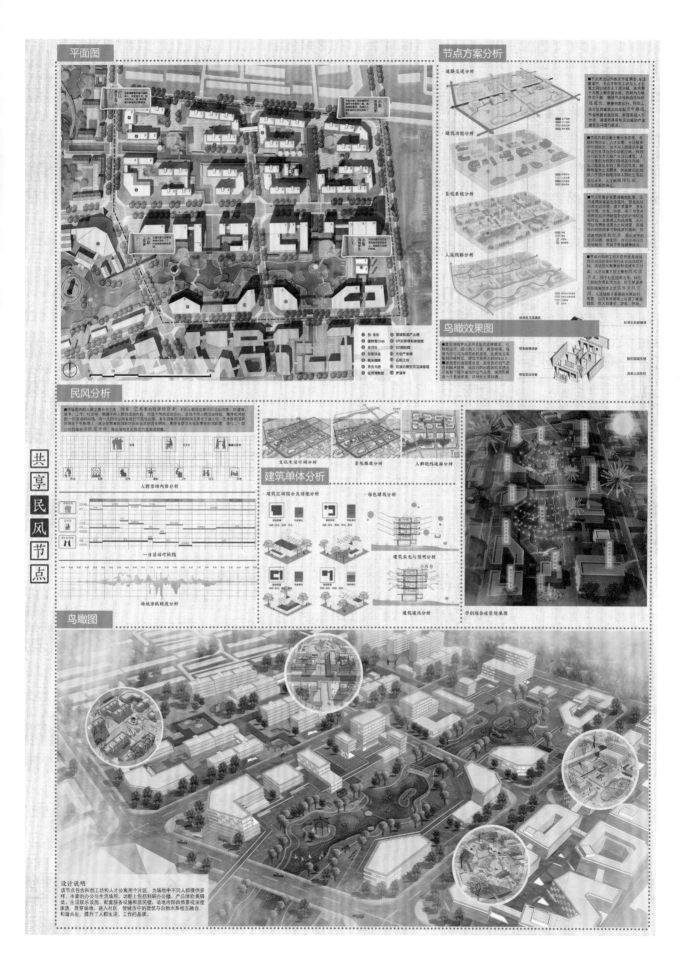

平面图

节点方案分析

民风分析

共享民风节点

建筑单体分析

鸟瞰效果图

鸟瞰图

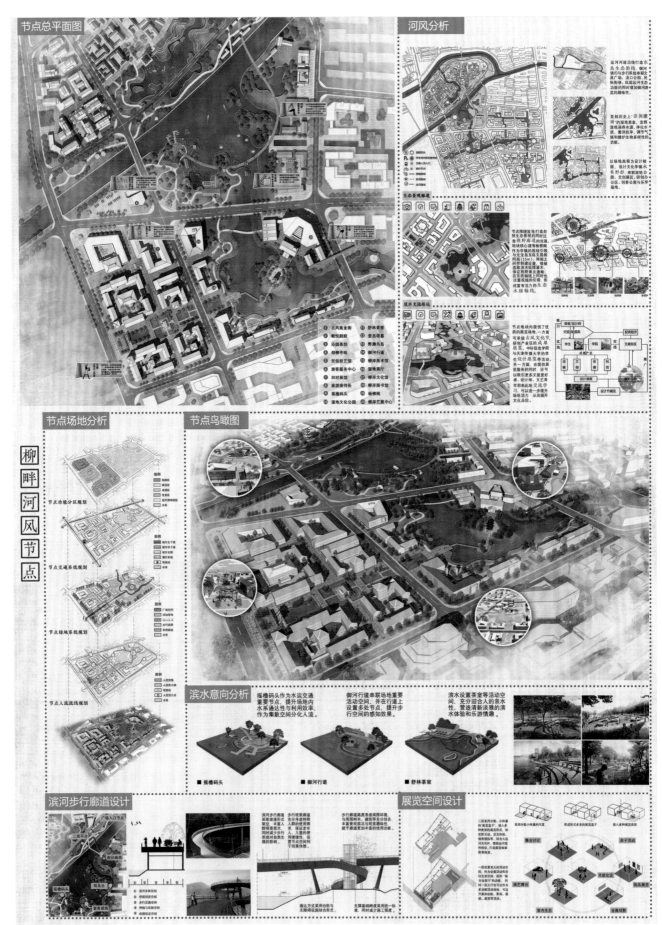

21

半城烟火半城茵

围绕轨道交通的城市再生计划

学　　生：王靖馨　郭成蹊　郭浩辰
年　　级：2017 级
指导教师：石炀

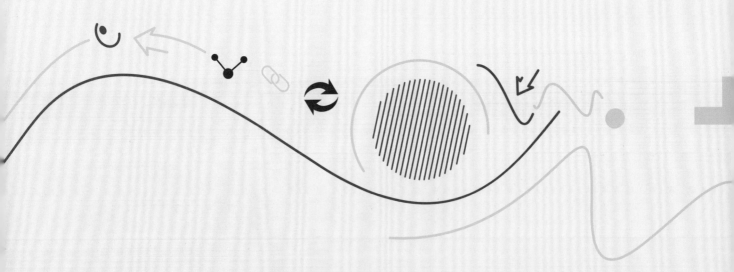

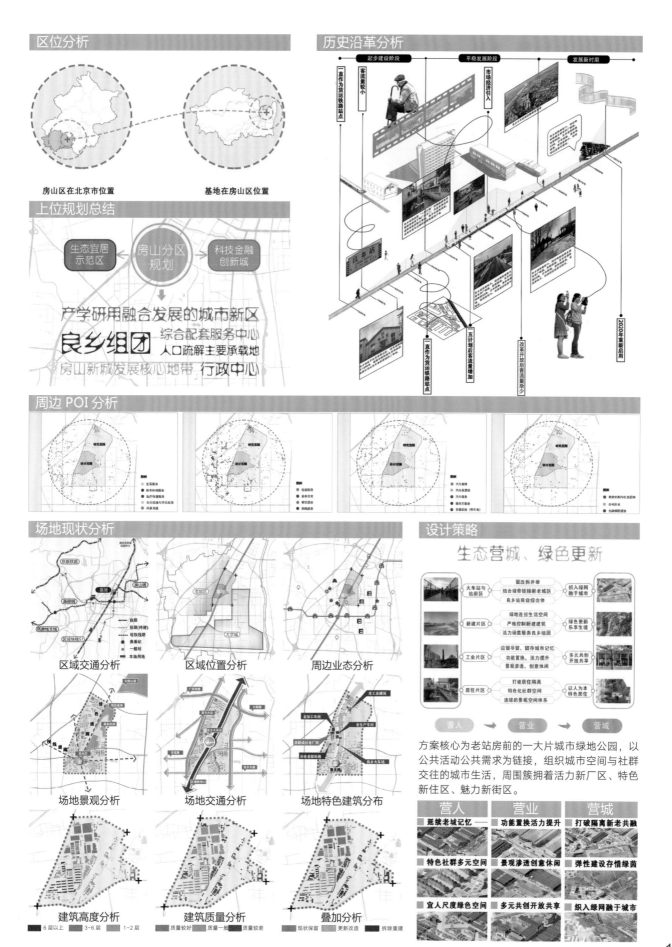

区位分析

房山区在北京市位置　　　基地在房山区位置

上位规划总结

生态宜居示范区　房山分区规划　科技金融创新城

产学研用融合发展的城市新区
良乡组团 综合配套服务中心
人口疏解主要承载地
房山新城发展核心地带 行政中心

周边 POI 分析

场地现状分析

区域交通分析　区域位置分析　周边业态分析

场地景观分析　场地交通分析　场地特色建筑分布

建筑高度分析　建筑质量分析　叠加分析

6层以上　3-6层　1-2层　质量较好　质量一般　质量较差　现状保留　更新改造　拆除重建

历史沿革分析

设计策略

生态营城、绿色更新

营人 → 营业 → 营城

方案核心为老站房前的一大片城市绿地公园，以公共活动公共需求为链接，组织城市空间与社群交往的城市生活，周围簇拥着活力新厂区、特色新住区、魅力新街区。

营人　营业　营城
延续老城记忆　功能置换活力提升　打破隔离新老共融
特色社群多元空间　景观渗透创意休闲　弹性建设存情绿茵
宜人尺度绿色空间　多元共创开放共享　织入绿网融于城市

总平面图

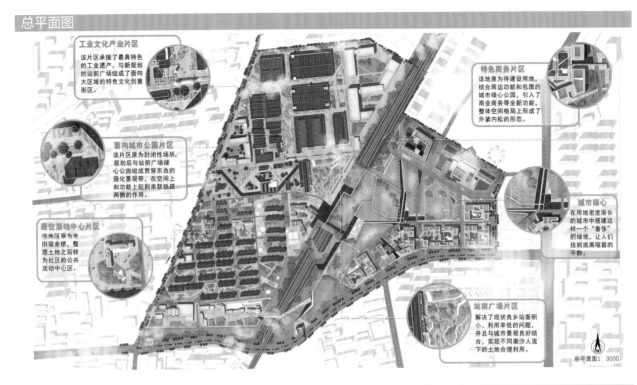

工业文化产业片区
该片区承接了最具特色的工业遗产，与新规划的站前广场组成了面向大区域的特色文化创意街区。

面向城市公园片区
该片区原为封闭性场所，规划后与站前广场绿心公园组成贯穿东西的强化景观带，在空间上和功能上起到串联铁路两侧的作用。

展性活动中心片区
该地区原为者旧宿舍楼，整理土地之后转为社区的公共活动中心区。

特色商务片区
该地原为待建设用地，结合周边功能和包围的城市绿心公园，引入了商业商务等全新功能，整体空间格局上形成了外紧内松的形态。

城市绿心
在用地密度新长这样的城市中搭建这样一个"奢侈"的绿地，让人们找到逃离喧嚣的平静。

站前广场片区
解决了现状良乡站面积小、利用率低的问题，并且与城市景观良好结合，实现不同潮汐人流下的土地合理利用。

总平面图1: 3000

规划后平面分析

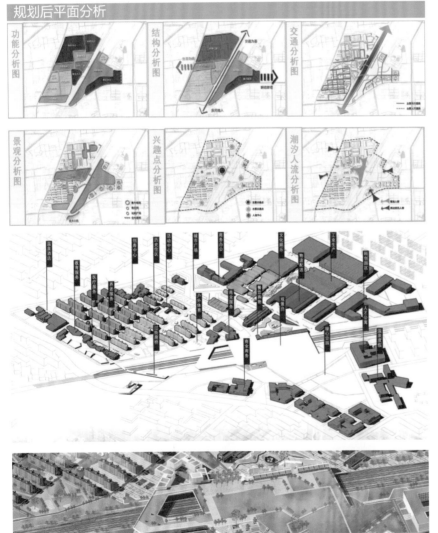

功能分析图

结构分析图

交通分析图

景观分析图

兴趣点分析图

潮汐人流分析图

支撑系统分析

智能绿色景观系统
社区绿色景观带　广场绿色景观　工业文化景观
城市绿心景观

交通联动系统
跨区域步行交通
人车混行交通　铁路交通

公共服务设施系统
社区生活服务区　工业文旅服务区
商业休闲服务区

智慧物联系统
消费者终端　物流集散区
定制化配送
铁路运输线

鸟瞰图

分区分析

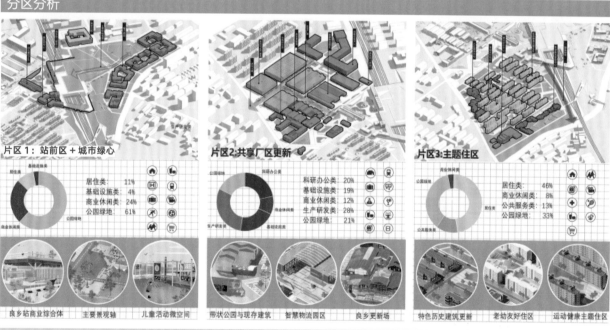

片区1：站前区＋城市绿心

居住类：	11%
基础设施类：	4%
商业休闲类：	24%
公园绿地：	61%

良乡站商业综合体　　主要景观轴　　儿童活动微空间

片区2:共享厂区更新

科研办公类：	20%
基础设施类：	19%
商业休闲类：	12%
生产研发类：	28%
公园绿地：	21%

带状公园与现存建筑　　智慧物流园区　　良乡更新场

片区3:主题住区

居住类：	46%
商业休闲类：	8%
公共服务类：	13%
公园绿地：	33%

特色历史建筑更新　　老幼友好住区　　运动健康主题住区

半城烟火半城茵

建筑更新与改造

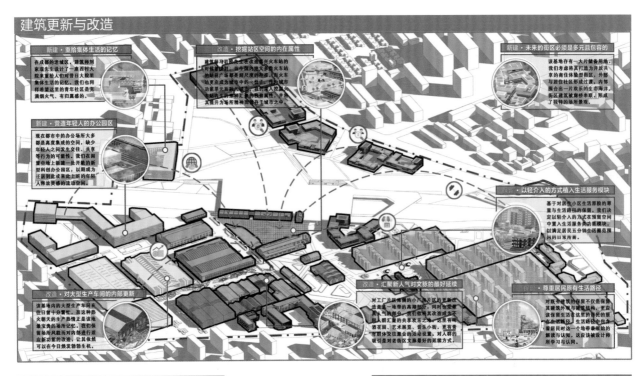

新建·重拾集体生活的记忆

在成都的老城区，建筑师刘家琨先生设计了一座西村大院来重拾人们对于昔日大院聚集生活的记忆。我们也同样希望建这里的青年社区是充满烟火气、有归属感的。

改造·挖掘站区空间的内在属性

建筑存功能随着生活改造而变火车站的时代性运行，赋予饱满的兴火车站的新面貌广场都是短尺度的街巷，而火车站也变成成功城市中的一份子。我们城市空间之面临改造我们挖掘站区本身所拥有的城市脉络汇集成我有属性，并将其重开为场所精神所存留于城市之中。

新建·未来的街区必须是多元且包容的

该基地存有一大片储备用地，我们考虑将其打造为开放共享的街住体验型街区，外部围合出一片欢乐的生态海洋。街区道被描修串联，形成了独特的场所景观。

新建·营造年轻人的办公园区

现在都市中的办公场所大多都是高度集成的空间，缺少年轻人之间交往生交往、共享等行为的可能性。我们在闲置地块上新建一处开敞的新型科创办公园区，以期成为迁到到此或未来此上班的年轻入群放松愉悦的活动空间。

厂区·以轻介入的方式植入生活服务模块

基于对居住小区生活原貌的尊重与生活路径的保护，我们决定以轻介入的方式在预留空间中置入生活服务类的模块，以满足居民五分钟生活圈范围内的日常所用。

改造·对大型生产车间的内部更新

该场地内的大型生产车间在往日曾十分繁忙，而这种热火朝天的生产热情正是该地最宝贵的场所记忆。我们保留场所风貌而对内部进行适应新功能的改造，让其依然可以在今日焕发勃勃生机。

改造·汇聚新人气对文脉的最好延续

对厂区片区保留的小厂区的更新改造是一地带的高潮部分，同时也营造一个城形分·我们做到其改造成以不阻人群汇聚的共享欢乐之地。这里有餐饮空间、艺术展览、音乐小街，更有青年群体交往往复多会的活动设置。对人群的吸引是对老街区文脉最好的延续方式。

保留·尊重居民原有生活路径

对既存建筑的保留不仅是保留其建筑外形与建筑结构，更应该保留生活在这里的居民的原有时间路径。对这一个老街最初的熟识与认知，这应该被设计师所学习与认同。

厂区大厂房功能置换

减法优化立面

重构室内流线

植入功能模块

厂区小厂房功能构架

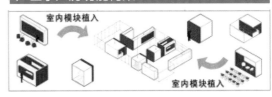

室内模块植入

室内模块植入

共享厂区景观透视图

工业之脉——带状公园

小区改造——楼下花园

记忆水塔——入口广场

景观分区整治

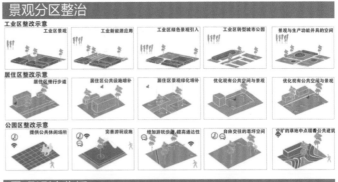

工业区整改示意

工业区景观 | 工业新能源应用 | 工业区绿色景观引入 | 工业区转型城市公园 | 景观与生产功能并具的空间

居住区整改示意

居住区慢行步道 | 居住区公共设施增补 | 居住区景观绿化增补 | 优化现有公共空间与景观 | 优化现有公共空间与景观

公园区整改示意

提供公共休闲场所 | 完善游玩设施 | 增加游玩步道，提高通达性 | 自由交往的草坪空间 | 交叉的草地中点缀者公共建筑

景观设计分析

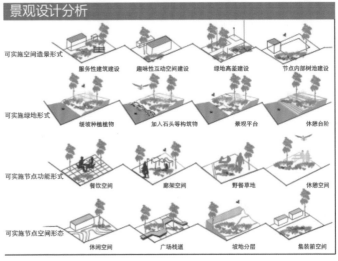

可实施空间造景形式：服务性建筑建设 | 趣味性互动空间建设 | 绿地高差建设 | 节点内部树池建设

可实施绿地形式：缓坡种植植物 | 加入石头等构筑物 | 景观平台 | 休憩台阶

可实施节点功能形式：餐饮空间 | 廊架空间 | 野营草地 | 休憩空间

可实施节点空间形态：休闲空间 | 广场栈道 | 坡地分层 | 集装箱空间

智慧社区建设

▲ 未来智享社区八大场景

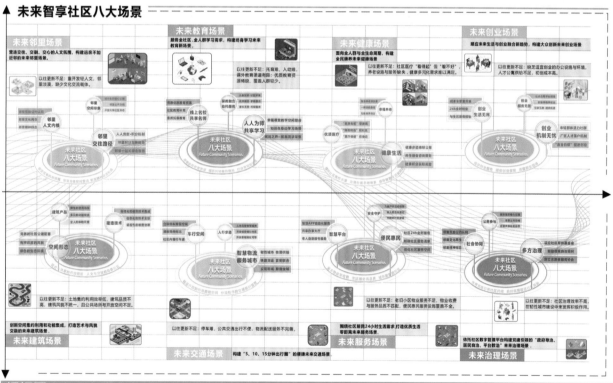

透视图

创意园区入口

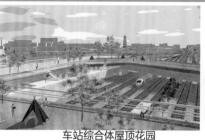

车站综合体屋顶花园

良乡站站前广场

城市绿心平面图

规划平面图

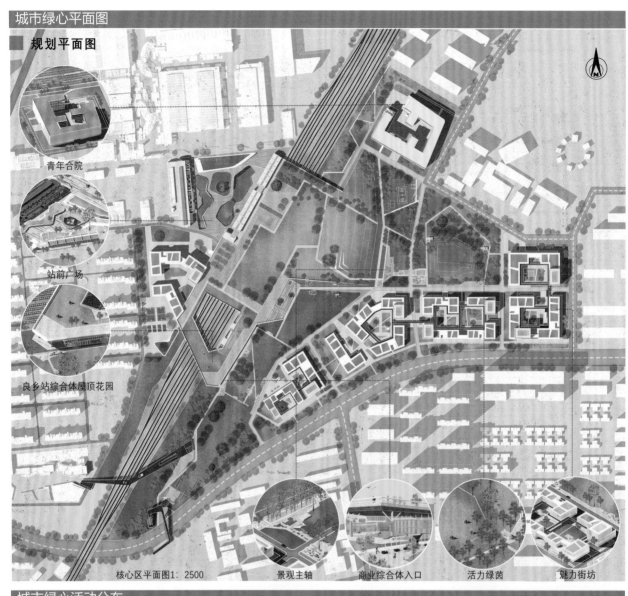

青年合院

站前广场

良乡站综合体屋顶花园

核心区平面图1：2500

景观主轴　　商业综合体入口　　活力绿茵　　魅力街坊

城市绿心活动分布

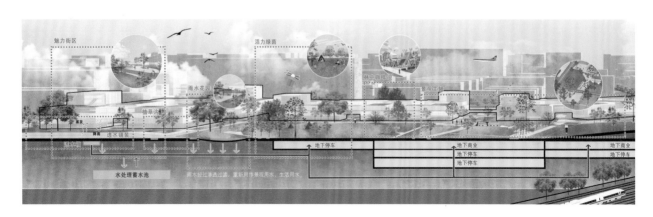

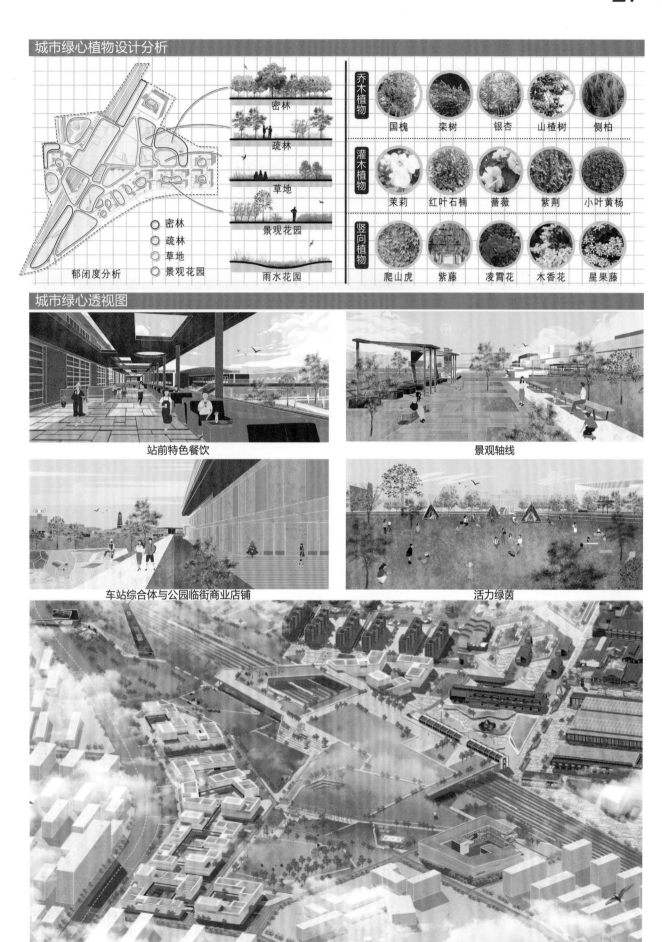

城市绿心植物设计分析

密林
疏林
草地
景观花园
雨水花园

○ 密林
○ 疏林
○ 草地
○ 景观花园

郁闭度分析

乔木植物：国槐　栾树　银杏　山楂树　侧柏
灌木植物：茉莉　红叶石楠　蔷薇　紫荆　小叶黄杨
竖向植物：爬山虎　紫藤　凌霄花　木香花　星果藤

城市绿心透视图

站前特色餐饮

景观轴线

车站综合体与公园临街商业店铺

活力绿茵

共享厂区鸟瞰图

共享厂区历史文脉分析

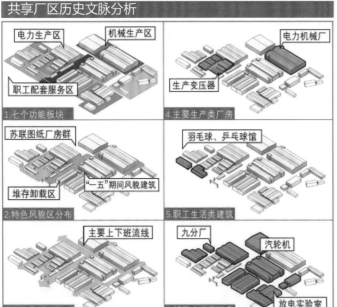

电力生产区　机械生产区

职工配套服务区

1.七个功能板块

苏联图纸厂房群

堆存卸载区　"一五"期间风貌建筑

2.特色风貌区分布

主要上下班流线

3.原有场地流线

电力机械厂

生产变压器

4.主要生产类厂房

羽毛球、乒乓球馆

5.职工生活类建筑

九分厂　汽轮机

放电实验室

6.辅助生产类厂房

共享厂区更新策略

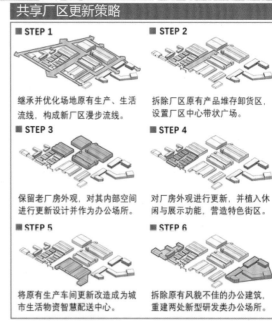

STEP 1

继承并优化场地原有生产、生活流线，构成新厂区漫步流线。

STEP 2

拆除厂区原有产品堆存卸货区，设置厂区中心带状广场。

STEP 3

保留老厂房外观，对其内部空间进行更新设计并作为办公场所。

STEP 4

对厂房外观进行更新，并植入休闲与展示功能，营造特色街区。

STEP 5

将原有生产车间更新改造成为城市生活物资智慧配送中心。

STEP 6

拆除原有风貌不佳的办公建筑，重建两处新型研发类办公场所。

共享厂区功能置换分析

22

山河永定·交织乐园

TOD 导向的田园游乐综合体规划

学　　生：李沅儒　邢炜康　罗子博　唐雪岩　李大双
年　　级：2017 级
指导教师：桑秋

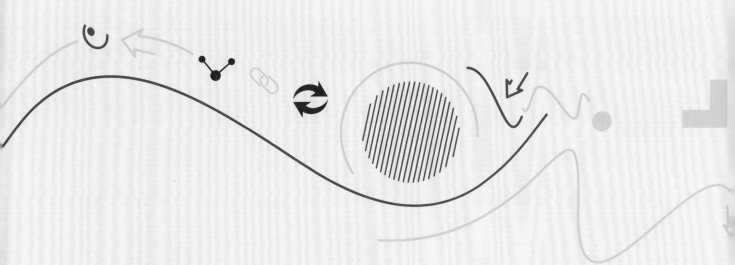

背景概况

[区位分析] 门头沟区浅山地区

北京市·门头沟区　　王平镇　　东、西王平村

[设计缘起] 西山永定河文化带

长城文化带
中轴线
西山永定河文化带
长安街沿线
大运河文化带

[设计支撑] 依托山河，可居可游

战略定位	《北京城市总体规划》中京西乡村发展战略	《北京城市总体规划》中门头沟区定位	王平镇国土空间规划战略定位

《北京城市总体规划》中京西乡村发展战略

重视打造京西文化景观区域
- 深入挖掘中华文化精髓，打造传承历史文脉、体现时代特征的重点景观区域，展示地域文化的多样性。

重视西山山脉生态环境保护
- 提升西山植被质量，以乡土树种为特色，配置西山特色灌木和彩叶树种，展现四季分明的生态山林景观。

强调乡村观光休闲旅游发展
- 明确发展目标，优化空间布局，加强乡村观光休闲旅游设施建设，全面提升乡村旅游服务水平。

《北京城市总体规划》中门头沟区定位
- 山区次区域是城市重要的生态屏障，拥有丰富的历史文化遗产和自然旅游资源，应严格控制浅山区开发建设，加强绿化建设和生态恢复。
- 门头沟区作为京西重点生态保育及区域生态治理协作区，以"绿色"为发展主旋律。

门头沟分区规划战略定位
- 首都西部重点生态保育区域。
- 生态治理协作区。
- 首都西部综合服务区。
- 京西特色历史文化旅游休闲区。

王平镇国土空间规划战略定位

运动休闲主导
- 以户外运动、休闲养生为主导的休闲运动小镇。

重构山水骨架
- 以京西山水为骨架的生态宜居小镇。

重视文化保护
- 以古村古道、生态山水、京西煤业文化为引领的京西休闲小镇。

王平镇国土空间规划

发展规模
- 重视生态保护、建议性地规划用地规模控制。
- 新增规划永久基本农田约13公顷。
- 新增规划生态保护区5.04平方千米。

空间布局
- 构建"一带、三区、多点"空间结构。
- 永定河—109国道线路为镇域发展带。
- 王平村位于综合服务区、文化旅游区。

景观体系
- 构建山清水秀、林出交融的生态格局。
- 沿水定河设生态廊道。
- 王平村位于农业生产区、生态保护区。

历史文化与风貌特色
- 强调塑造山水谷地风貌，展现京西文化精髓，构建休闲运动小镇。
- 王平村内存在一处文物，一处景观节点。

一线四矿规划

目标定位
生态复育 — 乡村复苏
产业复活 — 文化复兴

战略要求
- 首都生态涵养区的重要展示空间。
- 首都西部综合服务区的重要组成部分。

风貌控制
- 东、西王平村为浅山风貌区。

土地利用控制
- 王平村及镇区为城乡居住用地，铁轨南北两侧为文化用地。

循轨而来

[公路交通] 多条公路聚集，作为京西公路枢纽

- 高速公路
- 城市主干路
- 城市次干路
- 二级公路
- 三级公路

[铁路交通] 增建王平车站，作为一线四矿区域枢纽

- 铁路
- 铁路站点

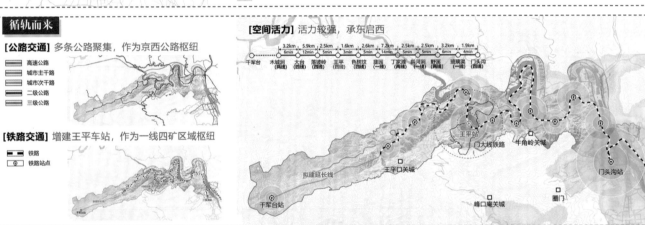

[空间活力] 活力较强，承东启西

千军台（两线）— 木城涧（两线）— 大台（四线）— 落坡岭（四线）— 王平（四线）— 色myopia妆（四线）— 韭园（一线）— 丁家洼（两线）— 斜河涧（一线）— 野溪（两线）— 琉璃渠（一线）— 门头沟（四线）

拟建延长线　王平口关城　门大线铁路　牛角岭关城　王平站
千军台站　峰口庵关城　圈门　门头沟站

因轨定位

[定位1] 西山永定河文化带重要节点

地段是西山永定河文化带的重要节点，位于永定河文化带西端，同区域协同发展带相呼应。门头沟区规划中，文化带对门头沟全区都有扩散力影响。其中，斋堂镇、王平镇、军庄镇是重要节点城镇，其发展受永定河影响较大。

○ 节点城镇

[定位2] 门头沟区旅游服务枢纽

地段是旅游服务的重要枢纽。门头沟区规划中，以新城休闲公园环为主，分为深山生态保育区、浅山生态修复区等，生态环境适宜实闲和度假。其中斋堂镇、王平镇、妙峰山镇为重要节点。

● 森林公园
● 自然保护区
● 节点城镇

[定位3] 京西特色休闲度假基地

地段是京西特色休闲胜地、生态涵养之一。圈门头沟区规划中，有中关村门头沟园这一科技园，也有军庄龙泉和医药健康产业集聚区，还有一线四矿文旅体验休闲等，以及具有广泛分布的"门沟小院"度假地。

○ 门头沟小院
■ 产业聚集区

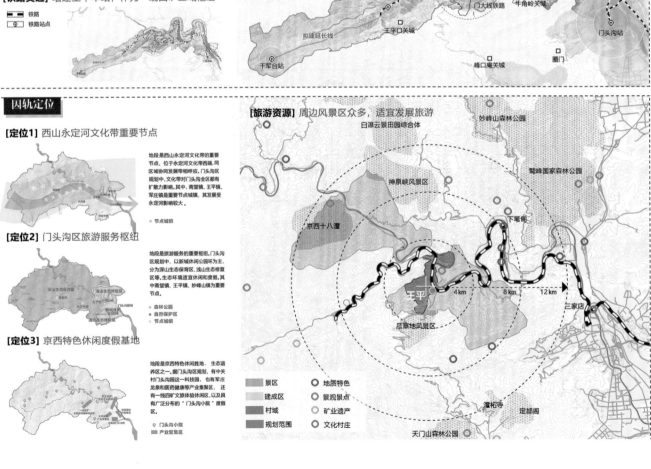

[旅游资源] 周边风景区众多，适宜发展旅游

妙峰山森林公园
日瀑云景田园综合体
鹫峰国家森林公园
神泉峡风景区
下苇甸
京西十八潭
王平
4km　8km　12km
三家店
瓜草地风景区
潭柘寺
定都阁
天门山森林公园

- 景区
- 建成区
- 村域
- 规划范围
- 地质特色
- 景观景点
- 矿业遗产
- 文化村庄

在地探源 [村域综述] 区位便利，用地零散

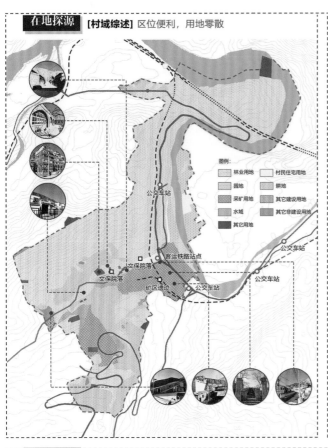

图例：
- 林业用地
- 园地
- 采矿用地
- 水域
- 其它用地
- 村民住宅用地
- 耕地
- 其它建设用地
- 其它非建设用地

要素六加一

[空间要素] 山水林村镇矿轨

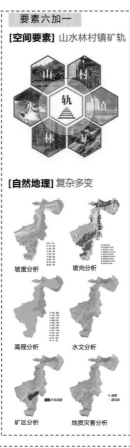

[自然地理] 复杂多变

坡度分析　坡向分析

高程分析　水文分析

矿区分析　地质灾害分析

空间有形味

[山水格局] 山高水长，韵味无穷

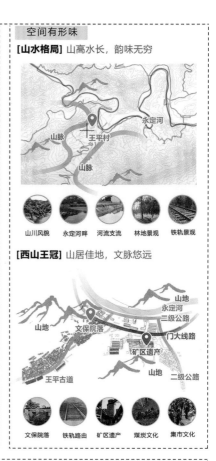

山川风貌　永定河畔　河流支流　林地景观　铁轨景观

[西山王冠] 山居佳地，文脉悠远

文保院落　铁轨路由　矿区遗产　煤炭文化　集市文化

问题小结

[新旧割裂] 新旧交替下历史空间破碎化

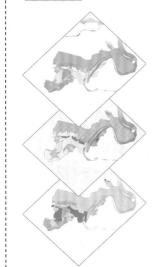

山水景观遗存

东、西王平村位于北京市门头沟区中东部，地处北京西山中山区向低山区的过渡地带。

王平村具有优越的山水文化景观，体现京郊村庄山水景观特色。

古道古村遗存

地段有王平古道遗存，王平村始存于元代，历史悠久，分为东王平村和王平西村，曾经有王平古道穿过，道路两旁商铺林立。

王平村建筑质量中等，古村风貌保留尚可，东王平村西侧存在保护院落一处。

铁轨矿场遗存

王平村周边矿产资源丰富，20世纪90年代初期建设门大线路，进行矿产开发，留存王平矿产一处，遗址建筑质量独特，1994年王平停产，矿区产业盛待转型。

[肌理割裂] 空间本底优良，镇—村—矿割裂

基地现状分析：空间零散，重点要素待组织

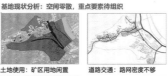

土地使用：矿区用地闲置　道路交通：路网密度不够

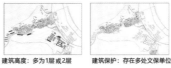

基础设施：较为欠缺　公服设施：有待完善

建筑风貌：传统风貌为主　建筑质量：废弃建筑多

建筑高度：多为1层或2层　建筑保护：存在多处文保单位

[功能割裂] 家庭团体旅游需求待满足

人群需求：人群多元，功能类型破碎，无法满足全龄需求

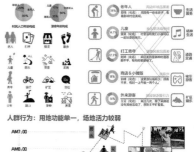

人群行为：用地功能单一，场地活力较弱

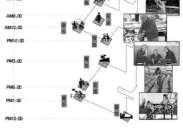

AM7:00
AM8:00
AM10:00
PM12:00
PM3:00
PM6:00
PM7:00
PM10:00

问题回应

PAST 割裂与封闭　**FUTURE 交织与开放**

■ 1800s：京西古道承载商业职能

地段功能以农业为主，王平区域依托承载乡村商业职能的京西古道繁荣发展。

■ 1900s：铁路承担煤矿运输功能

门大线铁路建设，地段功能以工业为主导，煤炭工业带动乡村发展，但也带来了一系列生态环境问题。

■ 2000s：乡村空心化

随着煤矿关停，主导产业缺失，矿—村—镇空间日益割裂，乡村空心化、人口老龄化，村庄面临转型升级的挑战。

■ 2022年展望——TOD带动打造交织乐园

未来规划的门大线王平客运站点由TOD带动，促进乡村振兴，构建有历史底蕴和文化特色的美丽乡村。

建构思路

[发展契机] 乡村振兴战略、一线四矿

乡村振兴战略
- 强调应重塑城乡关系，城乡融合发展。
- 重视完善农村经济制度，城乡共同富裕。
- 强调人与自然和谐共生，绿色发展。

一线四矿规划
- 强调系统谋划北京煤矿遗存，利用废弃矿区。
- 重视生态文旅新业态打造。

[概念衍生] 韵味理论

基本定义
- 韵味理论起源于司空图提出的诗歌"韵味说"，力求探索"象外之象""景外之景"，建立"味外之旨""韵外之致"，实现诗歌入神的韵味。

体现层级
- **山水韵味：**打造城市山林、西山之园，力图实现可望、可行、可居、可游，虚实相间、动静相宜。
- **文化韵味：**打造文化苦旅、西山圣地，依托西山古道文化、煤炭工业文化、生态旅游文化、创新创意文化等，发展打造多元活力地块。
- **休闲韵味：**打造极乐之地、西山乐园，包括运动乐园、儿童乐园、康养乐园、乡居乐园等，力求深度运动、深度康养、深度放空。

概念阐释

[概念阐释] 三位一体

韵味产业
- 循轨探源，挖掘民俗、煤矿文化。
- 韵味新生，引入新兴文旅产业。

韵味空间
- 有机联络，TOD打造一体化设计。
- 村矿共生，产业激活带动配套设施建设。

韵味联通
- 渐进更新，重视自下而上的村民公众参与。
- 多元衍生，为村民、游客提供多样服务。

结构框图

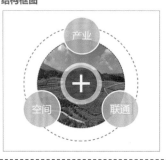

人群定位

[目标人群] 全龄目标人群定位

家庭游客
- 重视儿童友好型场地建设
- 引入亲子游乐场地职能

青年游客
- 构建多样的玩乐健身空间
- 利用营销等手段吸引青年

老年游客
- 重视功能适老性配套
- 构建无障碍步行体系

王平村民
- 引入三产带动就业
- 重视村庄配套设施建设

[功能定位] TOD导向的田园游乐综合体

战略定位
- TOD 导向的田园游乐综合体

主体功能
- 矿区文旅转型
- 民俗体验基地
- 京西旅游服务

发展目标
- 北京市京郊乡村度假休闲旅游目的地
- 门头沟区最美乡村示范基地
- 一线四矿区域一体化发展的服务节点
- 王平镇产业增长极
- 周边村落经济增长的火车头

区域韵酿

[结构策划] 一轴多核

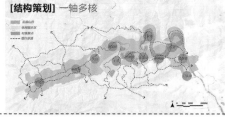

[分区策划] 四区多节点

村域韵酿

[旅游策划] 满足多元人群需求

[规划结构] 三轴四区

"一线"游览轴

文化车站 → 铁道遗址 → 特色商业 → 滨河景观

目的地游客 30% 休闲娱乐 → 优良服务 → 王平镇
观光游览 → 优美风景
途经游客 70% 便捷服务 → 设施完善 → 开发商

民俗体验轴

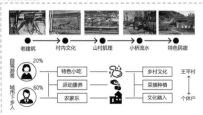

老建筑 → 村内文化 → 山村肌理 → 小桥流水 → 特色民宿

目的地游客 20% 特色小吃 → 乡村文化 → 王平村
运动康养 → 采摘种植
城市下乡人 60% 农家乐 → 文化融入 → 个体户

矿区游乐轴

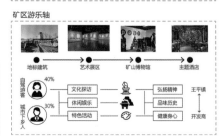

地标建筑 → 艺术展区 → 矿山博物馆 → 主题酒店

目的地游客 40% 文化探访 → 弘扬精神 → 王平镇
休闲娱乐 → 品味历史
城市下乡人 30% 特色活动 → 健康身心 → 开发商

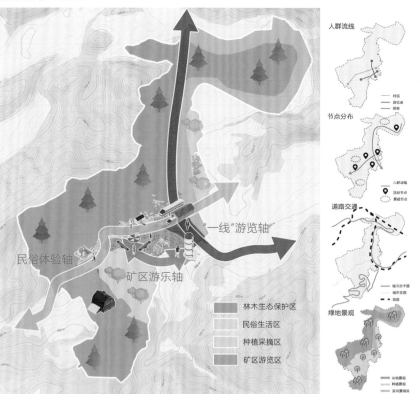

民俗体验轴
"一线"游览轴
矿区游乐轴

林木生态保护区
民俗生活区
种植采摘区
矿区游览区

人群流线
节点分布
道路交通
绿地景观

① 特色酒店　⑥ 文化体验园　⑪ 游客接待中心　⑯ 商店
② 文化展示厅　⑦ 科创办公　⑫ 运动场　⑰ 体育馆
③ 滑板广场　⑧ 对外商业　⑬ 儿童游乐场　⑱ 图书馆
④ 矿场博物馆　⑨ 村委会　⑭ 特色餐饮　⑲ 民俗体验基地
⑤ 王平车站　⑩ 乡村综合服务中心　⑮ 活动中心　⑳ 农家乐

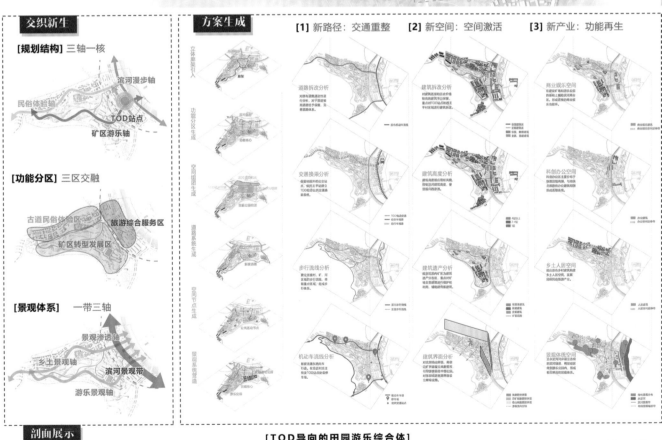

交织新生

[规划结构] 三轴一核

滨河漫步轴
民俗体验轴
TOD站点
矿区游乐轴

[功能分区] 三区交融

古道民俗体验区
旅游综合服务区
矿区转型发展区

[景观体系] 一带三轴

景观渗透轴
乡土景观轴
滨河景观带
游乐景观轴

方案生成

[1] 新路径：交通重整　　**[2] 新空间：空间激活**　　**[3] 新产业：功能再生**

剖面展示

[TOD导向的田园游乐综合体]

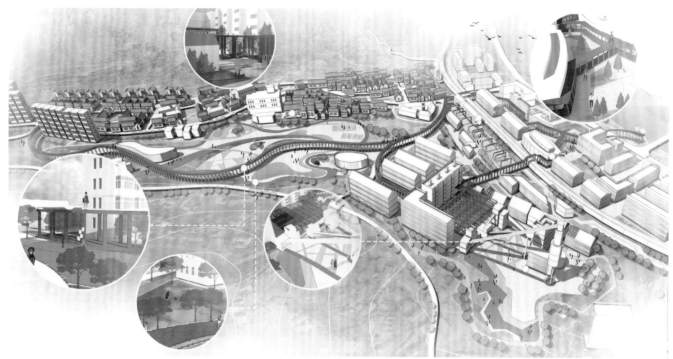

改造策略

[1] 多元人群服务

老人　村民　创客
亲子　企业
青年

[2] 节点关联构建

步行空间　永定河畔

[3] 模块化场地设计

夹缝绿地　楼间绿化　荫蔽空间
廊道绿化　模块景观　村宅改建

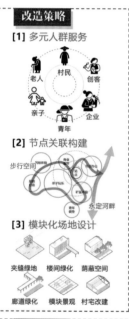
■ 古今缝合——乡土体验区

■ 村镇缝合——滨河休闲带

■ 村矿缝合——矿区体验园

■ 景地缝合——亲子游乐园

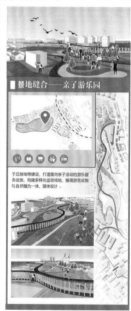

改造方案

[滨河场地改造] 多元手法　　**[矿区建筑改造]** 拆改结合　　　　　　　**[古村民居改造]** 重点改建

服务空间　趣味空间
湿地栈道　人行步道
观景平台　休憩台阶

原办公楼　特色酒店　引入创意展廊　特色酒店
原职工宿舍
廊架置入　立面改造

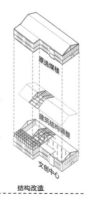
原选煤楼　建筑结构调整　文创中心
结构改造

原始民宅　增设灰空间　特色餐饮　平面改建
村宅立面改造　特色院落设计

鸟瞰效果　改造前　改造后

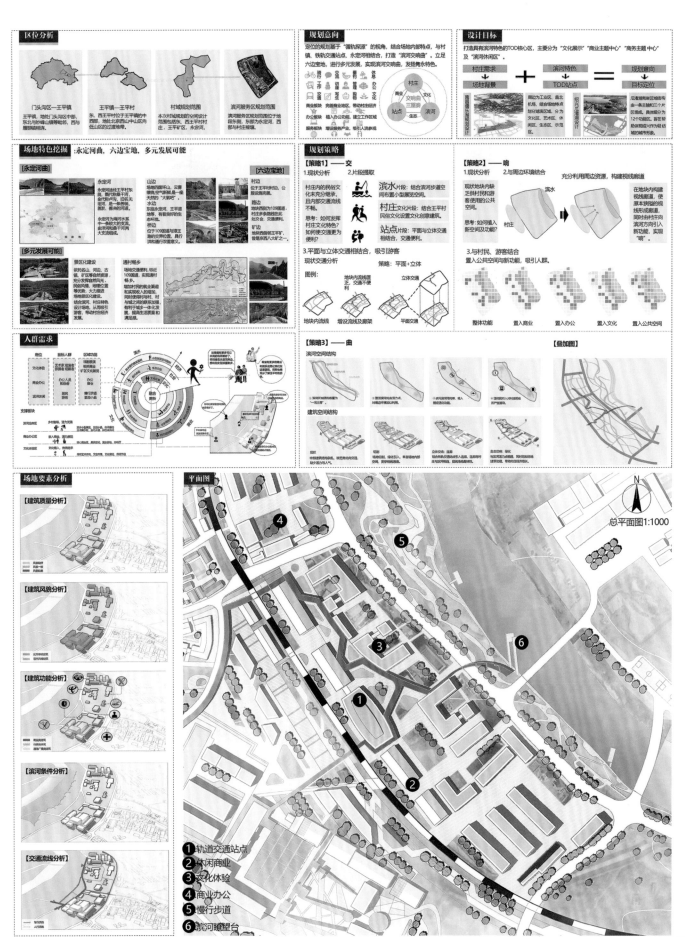

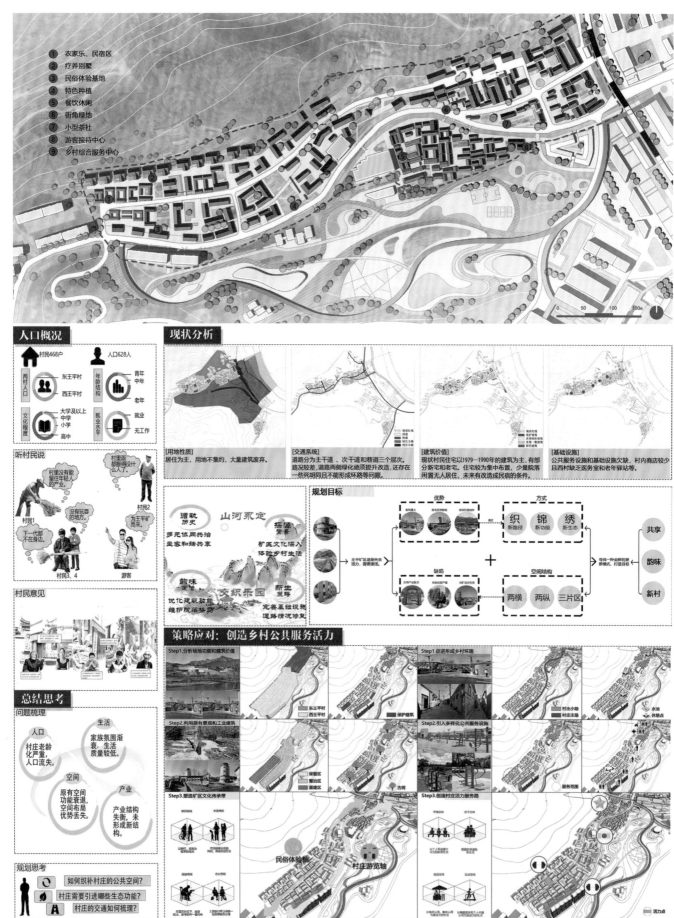

① 农家乐、民宿区
② 疗养别墅
③ 民俗体验基地
④ 特色种植
⑤ 餐饮休闲
⑥ 街角绿地
⑦ 小型茶社
⑧ 游客接待中心
⑨ 乡村综合服务中心

人口概况

村民468户　人口628人

两村人口　东王平村　西王平村
年龄结构　青年　中年　老年
文化程度　大学以及上　中学　小学　高中
就业水平　就业　无工作

听村民说

村里都那得设计么了？
村里没有能留住年轻人的产业。
没有玩耍的地方。
下一代都不在身边。
为王平矿而来。

村民1　村民2　村民3、4　游客

村民意见

总结思考

问题梳理

人口　村庄老龄化严重，人口流失。

生活　家族氛围渐衰，生活质量较低。

空间　原有空间功能衰退，空间布局优势丢失。

产业　产业结构失衡，未形成新结构。

规划思考

如何织补村庄的公共空间？

村庄需要引进哪些生态功能？

村庄的交通如何梳理？

现状分析

[用地性质] 居住为主，用地不集约，大量建筑废弃。

[交通系统] 道路分为主干道、次干道和巷道三个层次。路况较差，道路两侧绿化须要提升改造，还存在一些死胡同且不能形成环路等问题。

[建筑价值] 现状村民住宅以1979—1990年的建筑为主，有部分新宅和老宅。住宅较为集中布置，少量院落闲置无人居住，未来有改造成民宿的条件。

[基础设施] 公共服务设施和基础设施欠缺，村内商店较少且西村缺乏医务室和老年驿站等。

规划目标

殖轨历史　山河永定　多元协同共治　主客和睦共享

溯源背景　摇篮背景　矿区文化融入　体验乡村生活

韵味变情　新生态情　优化建筑技能　维护院落格局　完善基础设施　道路情况修复

交织乐园

优势　工业文化　传统文化　→　织 新路径　锦 新功能　绣 新生态

缺陷　生产业衰退　劳动力缺失　闲置空间利用

空间结构　两横 两纵 三片区

寻找一种全新的更新模式，打造目标　共享　韵味　新村

策略应对：创造乡村公共服务活力

Step1.分析场地功能和建筑价值　东王平村　西王平村　保护建筑

Step1.促进形成乡村环路　村庄小路　村庄主路　水点

Step2.利用原有景观和工业建筑　保留区　整治区　重建区　古树

Step2.引入多样化公共服务设施　休息点　服务范围

Step3.塑造矿区文化传承带　民俗体验轴　村庄游览轴

Step3.创造村庄活力服务器

活力点

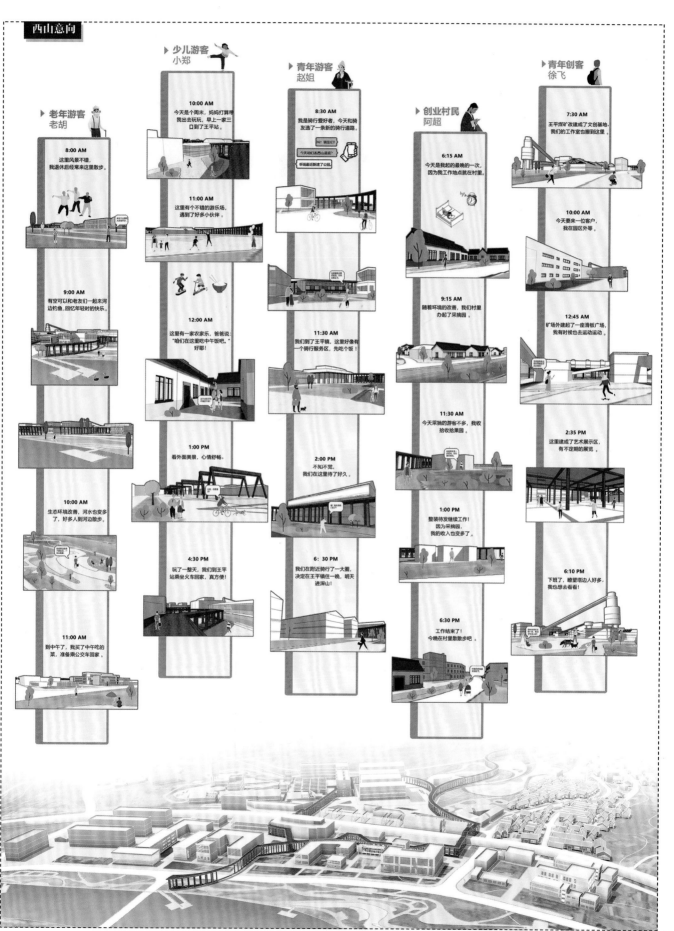

西山意向

▶ 老年游客
老胡

8:00 AM
这里风景不错，我退休后经常来这里散步。

9:00 AM
有空可以和老友们一起来河边钓鱼，回忆年轻时的快乐。

10:00 AM
生态环境改善，河水也变多了，好多人到河边散步。

11:00 AM
到中午了，我买了中午吃的菜，准备乘公交车回家。

▶ 少儿游客
小郑

10:00 AM
今天是个周末，妈妈打算带我出去玩玩，早上一家三口到了王平站。

11:00 AM
这里有个不错的游乐场，遇到了好多小伙伴。

12:00 AM
这里有一家农家乐，爸爸说："咱们在这里吃中午饭吧。"好耶！

1:00 PM
看外面美景，心情舒畅。

4:30 PM
玩了一整天，我们到王平站乘坐火车回家，真方便！

▶ 青年游客
赵姐

8:30 AM
我是骑行爱好者，今天和骑友们选了一条新的骑行道路。

11:30 AM
我们到了王平镇，这里好像有一个骑行服务区，先吃个饭！

2:00 PM
不知不觉，我们在这里待了好久。

6:30 PM
我们在附近骑行了一大圈，决定在王平镇住一晚，明天进深山！

▶ 创业村民
阿超

6:15 AM
今天是我起的最晚的一次，因为我工作地点就在村里。

9:15 AM
随着环境的改善，我们村里办起了采摘园。

11:30 AM
今天采摘的游客不多，我收拾收拾果园。

1:00 PM
整装待发继续工作！因为采摘园，我的收入也变多了。

6:30 PM
工作结束了！今晚在村里散散步吧。

▶ 青年创客
徐飞

7:30 AM
王平煤矿改造成了文创基地，我们的工作室也搬到这里。

10:00 AM
今天要来一位客户，我在园区外等。

12:45 AM
矿场外建起了一座滑板广场，我有时候也去运动运动。

2:35 PM
这里建成了艺术展示区，有不定期的展览。

6:10 PM
下班了，瞭望塔边人好多，我也想去看看！

内容简介

　　本书较为完整地汇集了近三年来北京建筑大学城乡规划专业五年级毕业设计课程的教学成果，是对城乡规划专业毕业设计课程教学与科研建设工作的总结。本书精选了近三年的优秀毕业设计作品，这些设计作品紧跟时代发展趋势，通过跨校联合和跨专业联合的团队组织，产出了优质的设计成果，集中反映了北京建筑大学城乡规划专业毕业设计课程的教学内容、理念、思路和方法，对城乡规划专业及相关专业师生具有重要的参考意义。

图书在版编目(CIP)数据

城乡有机更新设计教学探索与实践 ／ 陈志端,石炀,荣玥芳编著．－武汉 ： 华中科技大学出版社，2022.9
ISBN 978-7-5680-8687-5

Ⅰ．①城… Ⅱ．①陈… ②石… ③荣… Ⅲ．①城乡规划－教学研究－高等学校 Ⅳ．①TU984

中国版本图书馆CIP数据核字(2022)第163361号

城乡有机更新设计教学探索与实践

CHENGXIANG YOUJI GENGXIN SHEJI JIAOXUE TANSUO YU SHIJIAN

陈志端　　石炀　荣玥芳　编著

出版发行：华中科技大学出版社（中国 · 武汉）　　　电话： (027) 81321913
　　　　　武汉市东湖新技术开发区华工科技园　　　　邮编：430223
出　版　人：阮海洪

策划编辑：简晓思　　　　　　　　　　　　　　　　责任监印：朱　坋
责任编辑：简晓思　　　　　　　　　　　　　　　　装帧设计：金　金

印　　刷：湖北金港彩印有限公司
开　　本：889 mm×1194 mm　　1/16
印　　张：12.25
字　　数：250千字
版　　次：2022年9月第1版第1次印刷
定　　价：108.00元